起司品味圖鑑

一生必吃一次的 101 種起司

陳馨儀

編著

晨星出版

目次

CONTENTS

荷蘭

紐西蘭

認識起司

探索世界，一起 Saycheese ！

一說到起司，你的腦海裡首先浮現的是什麼呢？披薩上濃郁拉絲的莫札瑞拉（Mozzarella）、凱薩沙拉上重點提味的帕馬森（Parmesan），還是濃湯不可或缺的切達（Cheddar）……。也許你發現了，起司早已是飲食中不可缺少的一味。但你可能還不知道，起司的文化悠久而博大，它不僅是一項相當普及的日常食材，更可以是高深的品味，充滿知識與樂趣。

起司的出現，遠在人類文字的歷史紀錄之前，可說是相當的古老。我們只能在口耳相傳的說法中，推測當年的真相。據說，六千年前的阿拉伯人將牛奶和羊奶放入皮革器皿中，繫在駱駝上，作為旅途解渴的補給。他們在大太陽底下走了一段時間後，意外發現袋內的羊奶轉變為兩層物質：一層是透明狀的乳清，另一層則是白色塊狀凝脂——人類最初的起司就這樣誕生。此後，隨著畜牧文化的發展，類似起司的食品遍及世界各地，展現出各地不同的特色，至今已超過一千種。

根據製作方法，起司大致上可以粗分為純粹天然熟成的「天然起司」及經過再加熱與殺菌的「加工起司」。至於我們口中常提到的「乳酪」、「乾酪」、「芝士」，和「起司」有什麼不同呢？其實，它們一樣都是名為「cheese」的東西。「乳酪」、「乾酪」是意譯，指以動物乳汁為原料，製成水份少的半凝固食品；而「芝士」、「起司」則是直接的音譯。

　　每一款起司的出現，都與其產地的氣候、文化、農作物及畜產脫不了關係。因此，當它的濃郁香氣在唇齒間化開，你所品味沈浸的，並不是只是味道而已，還有一個地區的人文與地理，溫暖的風土與人情。也許你無法立即拋下工作，搭著飛機去探訪某地；但你絕對可以隨時泡上一杯咖啡，挑一款喜歡的起司，在它濃郁的奶香中，用鼻息與味蕾感受來自遠方的泥土、草香與空氣。跟著本書，一起來趟精彩而深入的世界起司之旅吧！

起司的製造過程
來自老祖宗的食品製造智慧

　　被譽為「人類製作出的最古老食品」，起司是如何被製造出來的呢？粗略來說，以牛乳、山羊乳、綿羊乳為原料，將其中蛋白質與脂質凝固後製成的食品，就是起司。各有千秋、五花八門的起司作法，大抵不脫「凝固」、「成型」及「熟成」三個主要的階段。

　　在首先的「凝固」階段中，必須讓液體的乳類轉變為固體。使乳類凝固的方法有三種：藉由乳酸菌的力量進行「酸凝固」、透過酵素（凝乳酶）促成「凝乳凝固」，或者也可以直接加熱形成「熱凝固」。乳品中的蛋白質在這個階段發生變化之後水分減少，就會變得或者濃稠或結凍。

　　在初步的「凝固」階段後，緊接著必須「成型」。乳類凝固成類似豆腐的狀態後，被稱為凝乳（curd），凝乳中含有的水分被稱為乳清（whey）。在這個步驟裡，必須將乳清濾除後再入模（mold）。此時，若以重物加壓，便會形成硬質起司，再根據是否以 40 度高溫加熱，來區分不同的製作方法。乳清排除後，會直接加鹽（乾鹽法）或是以鹽水浸泡（濕鹽法），使鹽與凝乳塊混合。加鹽的目的是為了提高保存性，所以即使是新鮮起司也會加入極少量的鹽。

最後是「熟成」，這是起司成型之後，風味形成的重要階段。大部分的起司，前段製程是相似的，是最後熟成的狀況，讓起司展現出不同的滋味與種類。每種起司熟成的時間相異，短則一個星期，長的話也能達到一年以上，往往耗費製作者不少心血。

台灣的氣溫太高，影響起司菌種與酵素的活性，並不利於儲藏或製作起司。即便如此，仍不減我們對於起司的熱愛，於是衍生出易於保存價格也更加平易近人的再製乾酪，也就是將天然起司再製作，透過加工使其品質統一、更易保存，也更方便食用。再製的起司雖然口感更鮮明，卻有可能多了一些食品添加物，挑選時更該注意。起司的世界，就是這麼充滿彈性與驚喜，無論你是誰來自哪裡，一定有一款起司適合你！

稱號保護機制

起司也要認證？

起司的風味就像紅酒、橄欖油一樣，失之毫釐差之千里。法國規定如果想掛上特定名稱來銷售，都必須符合「法國原產區名稱管制」（AOC，Appellation d' origine contrôlée），其在 2009 年以後改名為「法國原產區名稱保護」（AOP，Appellation d' origine protégée）。此外，還有其他的稱號保護機制如：「義大利原產區名稱管制」（DOC，Denominazione d' Origine Controllata）、「歐盟原產區名稱保護」（PDO，Protected Designation of Origin）、「地理標示保護制度」（PGI，Protected Geographical Indication）。這些保護機制大都不限於起司，還包含酒、油、醋等農產品，在選購時認明標章，可以確保品嚐到最正宗的滋味喔！

切起司的方法
食用起司的禮節與品味

　　品味起司可不只是「吃」而已，連怎麼「切」都得斤斤計較，是一門大學問。能切得一手好起司，不僅符合諸多社交場和的用餐禮儀，更能避免起司風味流失，確保品嚐到真正的美味。當一塊完整的起司到你面前，該怎麼出手呢？

　　首先，起司的軟硬程度各有不同，選擇對的刀具才能切出漂亮的形狀。如果是中軟質的乳酪，線切器可以說是非常理想，它的接觸面積最小，能讓脆弱的起司本體，不會因為和刀面產生摩擦而變形；若是起司的質地很綿密，需要多施一些力氣才能切開，則可以選擇簍空刀，同樣可以減少起司的沾黏；若是乳酪的質地偏向堅硬，那就必須挑選堅固的切割刀，先從頂端小面積插入，再緩緩加重力道。同一把刀要切分不同起司，記得先清洗乾淨，避免滋味互相沾染影響。

　　下刀之前，請謹記兩個大原則。第一，起司是由外側往正中央慢慢熟成，所以分切起司時切記應同時包含外側及正中央的部分：第二，起司會從切下的面開始氧化，所以最好先切下一整塊後，再分切成小塊。在眾人分食起司的餐會上，若是切得不好，可能會導致剩下的起司味道走樣，那可是相當失禮呢！

　　再則，不同形狀的起司，也有各自約定俗成的切法。若是圓型的起司，不用多想，依照切蛋糕的切法，從圓心的部分以放射狀進行切

分即可；如果是接近正方形的起司，則必須從對角線切開，再切割成形狀均等的小三角形；至於長方形、圓筒形的起司，食用時須以刀片平行地切成薄片。

　　需要特別注意的是，起司和紅酒一樣，剛拿出冰箱的時候，並不適合直接食用。最好靜置於盤中只少一個小時，在室溫的環境下，其香味與風味才會完全散發出來。如果你要準備起司拼盤，最好讓軟質起司、硬質起司、藍黴或羊奶起司的比例相同，以達到口感的均衡。

　　懂得切起司的方法之後，才算是這門學問的入門。現在，你可以拿起你的起司刀，進入精采的起司世界吧！

起司的種類與特色

精彩多變的起司世界

　　起司大致上可分成兩種：一種以乳酸菌與酵素製成後，靜待時間加以熟成，稱為「天然起司」；另一種則是將天然起司加工，所做成的「加工起司」。本書所介紹的起司，大都屬於前者。根據製程與特色，「天然起司」還可以用下面的種類加以識別，我們一起來瞭解吧！

新鮮起司

　　藉由乳酸菌、酵素、加熱使乳類凝固排出水分後，沒有經過熟成的程序，即提供食用的，就是新鮮起司。其水分多而質地軟，清爽的風味中帶著微酸，有濃厚的牛乳風味，香氣也不至於太奇特，被廣泛運用在料理與甜點中。像是法國的白起司和義大利的馬斯卡彭，都是屬於這個類別！

軟質起司

　　起司的軟硬度，取決於其含水量的多寡。一般來説，軟質起司的水含量達 48% 以上，包含未經熟成的新鮮起司，通常它的熟成時間都不會太長，保存期限也不如硬質起司來得長。其質地柔軟有彈性，帶有淡淡乳香，口感綿滑、柔軟、細緻，有時候需要浸泡鹽水保存。例如台灣人相當熟悉的安佳奶油起司，就是來自於紐西蘭的一款常見軟質起司。

半硬質起司

　　半硬質起司在製造過程中加入凝乳後切割搗碎，入模加壓榨去除多餘的乳清與水分，之後放進低溫潮溼的地窖中進行自然熟成。其含水量少，約為 38% 至 48% 之間，相較軟質起司保存期限高了不少，但即便如此，開封後最好還是在一星期內食用完畢，並放置冰箱妥善冷藏。這是起司中最為常見的種類，味道溫和、容易入口、質地有彈性，不會有過硬、太鹹或太過濃郁刺激的口感，加熱後會融化為稠狀，很適合拿來做料理。目前，世界各國都有生產這種起司，像是荷蘭的高達起司就相當有名。

硬質起司

　　在凝乳、切割之後，還需加熱到 50℃ 以上進行攪拌，然後再入模強力加壓，最後進行長時間熟成，少則半年，長則可以多達兩年。多數硬質起司含水量約為 32% 至 38%，也有些超硬質起司水份達 32% 以下，因為水份很少，硬質起司適合長期保存，外型又大又扎實，且經過長時間的熟成之後，香味顯得格外濃郁。硬質起司通常鹹度很高、口感十分厚重，通常作為佐料，並不適合單一食用。由於外皮較硬，大部分的人會選擇去皮食用、切丁加在食物中，或者作為火鍋湯底都很不錯。最具代表性的就是義大利的帕馬森起司。

羊乳起司

羊乳做成的起司，相較於以牛乳為原料，口感更加濃純、酸味也更強烈。由山羊乳製成的起司，可獨立作為一類，最大特色就是組織柔軟，容易崩散，芬芳過人，如法國的瓦朗賽起司。綿羊乳有別於山羊乳，蛋白質與脂肪粒子較大，製作過程與風味較接近牛乳，如義大利的佩科里諾羅馬諾起司。

白黴起司

在剛做好尚未熟成的起司，灑上白黴孢子進行熟成而製成。由於白黴可以製造出酵素，進行蛋白質的分解，讓起司組織從表皮開始軟化，創造出綿密濃純的特色風味。最具代表性的白黴起司，就是法國的卡門貝爾起司。

藍黴起司

藍黴起司又稱藍紋起司，多以牛奶或羊奶製成，製程中會讓藍黴菌在起司上繁殖後，再靜待熟成而成。與白黴起司最大的不同點在於，白黴起司是從外部開始熟成，而藍黴起司在成型前就會灑上黴菌，所以會從內開始熟成。氧氣是藍黴菌成長所必須的，所以起司內部需要特別製造出空隙，以利其繁殖。切開藍黴乳酪後，可以看到藍色或綠色有如大理石般的美麗紋路，伴隨著濃厚的香氣撲鼻而來。這類的起司口感強烈，鹹味也比較重，通常搭配奶油或水果等其他食材，一併食用。法國的羅克福、義大利的古岡左拉起司都很具代表性！

洗皮起司

　　將起司表面以鹽水洗浸數次製程的就是洗皮起司。有些洗皮起司也會利用當地特有的酒類進行洗浸，例如啤酒、葡萄酒、白蘭地等等。這種起司表皮看起來紅紅黏黏的，由於亞麻短桿菌（Brevibacterium linens），氣味通常比較強烈，經常讓不習慣的人皺起眉頭、敬而遠之。食用前，只要去除表皮，強烈的氣味就會不那麼明顯，品嚐到的是濃純綿密的內部。產於法國東部的伊泊斯起司，是相當代表性的一款。

紡絲起司

　　製造起司時，將瀝乾切碎的凝乳放入熱水中，並用很大的木頭棍子不斷攪動，能增加起司的延展性，使得起司成品遇熱後，會產生焗烤或披薩上頭那樣牽絲的效果，這就是紡絲起司。從新鮮的軟質起司到熟成數年的硬質起司，都可以有紡絲的特性，而大家最熟悉的莫過於瑪格麗特披薩不可或缺的莫札瑞拉起司了！

001

傑克起司、寇比傑克、辣椒傑克起司

半硬質

Monterey Jack、Colby Jack、Pepper Jack

◆◆◆

以風味簡樸的傑克起司為基本款，加入寇比起司、墨西哥辣椒等材料調味熟成，製作出變化多端、充滿新鮮感的加州經典風味起司。

精采的道地美洲風味

「傑克起司」（Jack），又被稱為「蒙特利傑克起司」（Monterey Jack），最初是由加州蒙特雷郡（Monterey County）墨西哥方濟會教士所製作的一種寺院起司。19世紀後半，名為戴維·傑克斯（David Jacks）的商人，將這款起司行銷至加州以外的地區，從此大受歡迎，成為美國最受歡迎的居家常備起司。

這款經典的美式起司，風味質樸厚實，溫潤而容易融化，常被用於墨西哥或西班牙料理中，或搭配捲餅或漢堡。一般來說，這款起司僅需要約1個月的熟成期，若是熟成時間超過6個月，則被稱作「乾傑克」（Dry Jack），味道更顯濃厚香醇，帶有堅果芬芳。

除了傑克起司之外，另有其他特殊的口味。混合了橘色的寇比起司（Colby），就稱為「寇比傑克起司」（Colby Jack），其外觀上呈現橘白交融的大理石紋，質地半軟光滑，透著類似切達起司（Cheddar）〔單元096〕的香氣，輕甜而溫潤，與肉類食物十分相配，亦是料理燉菜的絕佳選擇。

若是喜愛辣味的人，可以選擇辣椒傑克起司（Pepper Jack）。爽口帶勁墨西哥辣椒，為平實的起司風味，帶來鮮活的辛香，在漢堡或三明治中放進一片薄片，頓時成了道地的墨西哥風味。

原料	產地	熟成時間	生產季節
牛乳	美國 🇺🇸	1個月	一年四季
外觀特徵	具有彈性，組織緊密而細緻，色澤因口味而不同。		
品嚐風味	風味沉穩，具有奶油淡淡的酸味，加熱後香氣出色。		
享用方式	通常用於加州風格的墨西哥捲餅，漢堡或三明治。		

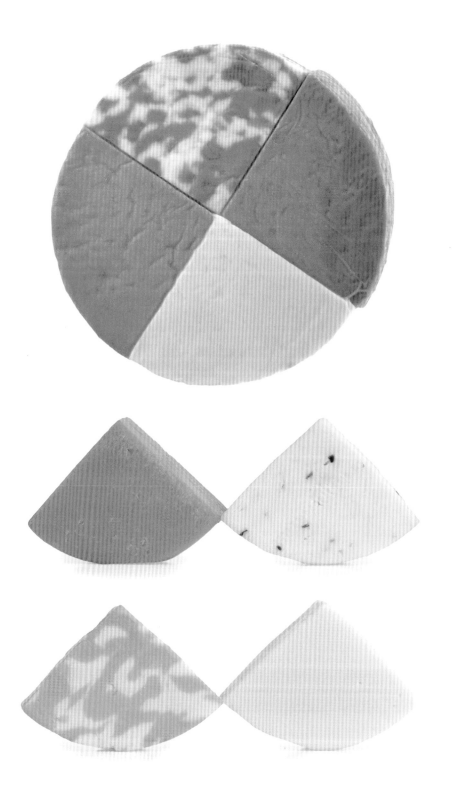

002 哈魯米起司

Halloumi

半硬質 羊乳

◆◆◆

源自賽普勒斯（Cyprus），在希臘及中東一帶亦有生產，是一款多用途的起司。熔點高，容易油炸或燒烤，常被用於烹飪。

遇熱不會融化的起司

哈魯米起司起源於地中海的賽普勒斯，在起司的世界中地位獨特，不只是因為它在加熱烹調之後，還能保持外型不融化，更由於其所使用的原料乳，來自瀕臨絕種的摩弗倫（Mouflon）綿羊。這個品種，自新石器時代就被引進至此，經過數千年的演化，已經完全適應當地的氣候與環境，成為在地生活與文化的一部份。

在傳統上，它是以山羊乳或綿羊乳為原料，將乳品加熱後加入凝乳酶，冷卻後將凝乳分離出來，再置於摻了鹽的乳清中煮熟。過去，農民以此來替代肉品，其蛋白質含量非常高，但是脂肪與鹽分也很高，儘管滋味相當迷人，也應當適量食用。它的保存期限很長，如果沒有開封，放在冰箱中可保存 1 年。

哈魯米起司的質地具有彈性，和義大利的紡絲型起司類似，只不過後者是拉扯的工序，前者則是裝模濾除乳清時的揉捏過程。它可以直接食用，帶著鮮明的鹹味，和稍許的酸味，但一般更常將其炙燒，使其散發洋蔥的焦香。

由於希臘人和土耳其人的紛爭，賽普勒斯目前被一分為二，南部為賽普勒斯共和國（希臘賽普勒斯），北部為北賽普勒斯土耳其共和國（土耳其賽普勒斯）。儘管南北兩邊政治分歧，但是對於哈魯米起司的熱愛與驕傲，卻是不分彼此的。

原料	產地	生產季節
山羊乳、綿羊乳、牛乳	賽普勒斯	一年四季，春夏時節製作最美味。
外觀特徵	乳白質地，富有彈性，外皮有光澤。	
品嚐風味	帶有鹹味和酸味，加熱後表面焦香，散發洋蔥味。	
享用方式	搭配新鮮水果或無花果，可以直接食用，也可加熱後品嚐。	

003 亞拉布可起司
Arla BUKO

◆◆◆

這款由丹麥生產的起司，不僅質地細密而口感溫潤，而且價格十分便宜，所以大量被運用在起司蛋糕的製作中。老少咸宜的迷人風味，任誰都無法抗拒。

大廠牌的代表之作

　　丹麥、瑞典、芬蘭等北歐國家，因為位處於極高緯度的地帶，冬日漫長而少陽光，夏季永晝。此區一年裡有很長的時間與世隔絕，適合戶外放牧的季節極短，牛乳的生產的也相當受限。但也許正因為如此，農夫們也格外了解保存珍貴蛋白質攝取來源的重要性，牛乳最常見的再製品，便是新鮮起司。寒冷的天氣，讓這個地區所產的牛乳格外濃郁，製成的起司風味也特別迷人。

　　亞拉布可這款起司，出自歐洲規模最大乳製品公司「亞拉」（Arla），「布」（BU）是牛的叫聲，「KO」則是牛的意思。亞拉與酪農攜手，將永續農業的思維引入自己的產品中，其所採用的在地新鮮牛乳，牛隻多數食用在地生產的飼料，以確保降低所製造的碳足跡。這樣的思維不僅傲視世界，更充分展現出北歐地區勤樸惜物的斯堪地那維亞風格。

　　品嚐起司，鮮甜的草香與靜好的濃郁，浸潤著鼻息與味覺，彷彿身處在丹麥茂盛的草原上。你可以把它抹在表皮烤得香脆的貝果上，搭上一片煙燻鮭魚，大口咬下；或者和生菜及雞肉，做成口味清爽的沙拉。以這款起司取代高熱量的奶油，非但不會讓美味降低，還能讓健康加分呢！

原料	產地	生產季節
牛乳	丹麥 🇩🇰	一年四季

外觀特徵	質地細緻綿密，純白且具有光澤。
品嚐風味	綿密的口感中，透著清爽的酸甜。
享用方式	塗抹於麵包，或用於起司蛋糕的製作中。

卡斯特洛藍黴起司

硬質　藍黴

Castello Creamy Blue

◆◆◆

在一向味道強烈的藍黴起司中，有著難得的溫潤口感，濃郁的奶香與堅果香，伴隨著清淡的鹹味，是多數人都會迷上的滋味。對於初次接觸藍黴乳酪的人，可說是十分適合的入門款。

丹麥最具代表性的起司之一

　　卡斯特洛（Castello）是一家位於丹麥城鎮維比（Viby）的專業起司製造廠，它是由起司大師拉斯慕司・妥爾斯特普魯（Rasmus Tholstrup）於1893年成立。這位初代的起司大師，有著不安於現狀的探索精神，不斷嘗試各種起司的可能，製造出許多款深具人氣的起司。

　　1969年，卡斯特洛推出這款藍黴起司，結果大受歡迎，非常暢銷。它的口感與多數人印象中的藍黴起司大相徑庭，少了那股令人難以接受的辛辣勁，取而代之的是讓人著迷的韻味。滑順柔細的口感中，散發著淡淡的奶香，在口中微妙的變化，產生細緻的味覺平衡，無怪乎總能讓人一試成主顧。

　　為了延續當時的口味，其製作方法一直被沿用至今。它採用了日德蘭半島（Jylland）中部吉辛牧場（Gjesing）的丹麥澤西牛（Danish Jersey）與紅斑乳牛（red-pied cows）所產的新鮮牛乳。將經過巴氏殺菌的牛奶倒入傳統的開放式大桶中，添加酶和特殊的培養物混合物，促進藍黴的發育。一旦牛奶在凝乳酶的幫助下凝結，就會被切割和研磨以釋放多餘的乳清，從而獲得更平滑的稠度。

　　卡斯特洛藍黴起司口味溫和，可以直接食用，或者搭配烤黑麥麵包、烤堅果或烤馬鈴薯都很不錯。

原料	產地	熟成時間	生產季節
牛乳	丹麥 🇩🇰	3周	一年四季
外觀特徵	細緻柔嫩的乳黃色質地，交錯著藍色的不規則紋理。		
品嚐風味	乳香十足，並帶有淡淡的堅果味，是一款很好入口的藍黴起司。		
享用方式	從冰箱拿出回溫至少半小時，可直接食用，或搭配麵包、餅乾或水果。		

SINCE 1893

CASTELLO®

Creamy *Blue*

STRENGTH 4 BOLD

RICH & CREAMY
WITH A DELICATE
SHARPNESS

TEAR HERE

150 g ℮

005 丹麥藍起司
Danablu

軟質　藍黴

◆◆◆

誕生於 20 世紀，用來替代法國進口的藍黴起司。味道偏鹹的丹麥藍起司可以直接食用，也時常被用於烹飪。

不再只是替代品

濕潤柔軟的乳白色起司上，散發著全脂牛乳的溫潤，乳霜一般的稠密質地入口即化，在舌尖滲出帶著金屬感的辛香與鹹味。鮮活而強勁的味覺體驗，讓全球無數饕客為之沈迷。多數人大概不知道，這款暢銷世界各地，收服無數挑剔味蕾的丹麥藍起司，一開始竟只是其他乳酪的替代品！

20 世紀初，為了取代當時十分暢銷的法國的羅克福起司（Roquefort）〔單元 038〕，丹麥乳酪製造商推出了一款類似的口味，甚至直接取名為「丹麥羅克福起司」（Danish Roquefort）。這項產品引起了法國方面的嚴正抗議，甚至成為日後建立 AOC 制度❶ 的契機。因此，這款「丹麥羅克福起司」後來改名為「丹麥藍起司」（Danablu）。

雖說最初的產品定位是替代品，而今的丹麥藍起司已確立了自己鮮明的風格，它是丹麥最受歡迎的起司，而且大量銷售到國外。在世界各地的貨架上，都可以看到這款產品，第一個引進日本的藍黴起司就是它。

與綿羊乳製成的羅克福起司相較，丹麥藍起司少了特殊的氣味，因此口味溫潤柔和不少，更為平易近人。質地柔軟的它，經常用於起司拼盤，或做成沙拉，因為帶鹹味，所以也時常出現於料理中，能使菜餚風味更為深邃而具有層次。

---

❶ 法國原產區名稱管制（Appellation d'origine contrôlée），簡稱 AOC。

原料	產地	稱號保護	熟成時間	生產季節
牛乳	丹麥	PDO／2006 年	2～3 個月	一年四季
外觀特徵	平滑濕潤的易碎質地，散佈著青綠色的藍黴菌，具不規則的氣孔。			
品嚐風味	金屬般的藍黴刺激味，尖銳中帶鹹味，尾韻細緻滑順。			
享用方式	用於起司盤，搭配葡萄等水果，或啤酒花味濃厚的愛爾蘭啤酒。			

006 巴儂起司

Banon

◆◆◆

外皮滿佈白黴，內芯柔軟綿密，濃郁奶香有著栗葉的清新，透著微微的乳酸芬芳，熟成較久之會帶有酒粕氣息，與紅酒搭配尤其對味。

經典普羅旺斯風味

巴儂是一款歷史相當悠久的起司，早在公元 1270 年的正式公文中，就可以看見相關記載。其產於位於法國南部普羅旺斯地區的同名古鎮，在這個有著中世紀石造建築的山城，四周滿是灌木草叢的丘陵，乾旱的氣候與貧瘠的土壤，並不適合發展農業，卻意外成了山羊放牧的天堂。羊群自在悠遊在山野中，產出的羊乳芬芳而濃郁，尤其春天至秋天的乳質最為出色，製成的起司風味最佳。在地人世代相傳的起司手藝，成為這個古鎮深厚的人文底蘊。

巴儂起司採未經巴氏殺菌消毒的山羊乳製成，直徑約 7 公分，100 克上下，普羅旺斯地區常見的小型山羊起司。這一帶，冬天的時候有以栗葉包覆起司保存的傳統，沿襲下來就成了巴儂起司的一大特色。未經壓制的柔軟白黴起司，直接包裹在乾燥的葉子裡，並以草繩綑綁定型，極具特色，十分好辨認。

因為熟成時間較短，巴儂起司的質地輕盈柔軟，乳香之中透著微微酸味，時間久後會有酒粕氣息。在存放的過程中，栗樹葉的單寧酸融入起司，更會產出奇特的水果香氣與木質芬芳。無論是放入沙拉作為提味、搭配麵包及土司，或是直接搭配紅酒食用，都是層次豐富的味覺饗宴。

原料	產地	稱號保護	熟成時間	生產季節
山羊乳	法國 🇫🇷	AOC / 2003 年	至少 15 天	一年四季，以春至秋天的山羊乳為原料，尤為出色。

外觀特徵	被包裹在乾葉片中，並以草繩加以綑綁。
品嚐風味	奶香濃郁，輕度乳酸氣息，熟成較久則呈現酒粕風味。
享用方式	搭配沙拉做成開胃小菜，或搭配葡萄酒作為點心。

007 布勒德奧福格起司

Bleu d' Auvergne

藍黴

◆◆◆

採用牛乳製成的布勒德奧福格起司，少了多數藍黴起司那股強烈的羊騷韻味，取而代之是鮮明的辛與鹹。想要嘗試探索藍黴起司的奧妙？不妨從這款入門。

來自淨土之鄉

布勒德奧福格起司產自法國中部奧文尼（Auvergne），因此而得名。在法語一詞裡，「奧文尼」是鄉下的意思，這裡直到 19 世紀末都還沒有鐵路，是法國開發最晚的地區，也是人口最稀少的地方。然而，火山地形為此地帶來了肥沃的土壤，得天獨厚的自然環境格外適合農牧產業，格外適合起司的生產，也造就了布勒德奧福格的迷人滋味。

這款起司出現於 1950 年代，由一名叫做安東尼羅素（Antoine Roussel）的商人所開發，是仿效羅克福起司（Roquefort）〔單元 038〕製成的。為了促使凝乳產生藍色黴菌令人愉悅的氣息，羅素不斷實驗，發現用針在凝乳上戳出小洞，可以增加通氣量，促使黴菌生長，便以這個技術創作出布勒德奧福格起司。

布勒德奧福格起司以無殺菌牛乳為原料，有著此地特有的粗獷風格。入口後，溫潤濃郁的質地在舌間漸漸化開，強烈的獨特辛香伴隨著而來，少許時間之後才能感受到奶香、鮮味與榛果交織的餘韻。層次與變化十足的口感，彷彿每次品嚐都能有新的發現。

可搭配強健濃厚的紅葡萄酒，或與麵食搭配做成料理。放在馬鈴薯上，淋上鮮奶油再進行烘烤，吃起來也相當的美味喔！

原料	產地	稱號保護	熟成時間	生產季節
牛乳	法國	AOC / 1975 年	至少 4 週	一年四季，尤以夏天至冬天出品特別美味。

外觀特徵	表皮呈淡褐色，內部遍佈泛綠色的藍黴菌。
品嚐風味	綿密奶香中，透露著刺激的鹹味，以及榛果的韻味。
享用方式	搭配馬鈴薯烘烤，或佐以紅酒品嚐。

008 阿維納起司
Boulette d' Avesnes

 軟質　洗皮

◆◆◆

阿維納起司有著獨特的圓錐外型，以及搶眼的磚紅色外皮，味道異常強烈，特色與個性十足，是一款以特殊氣味出名的起司。

個性十足的強烈氣味

阿維納起司是一款歷史悠久的牛奶起司，它的歷史可以追溯至兩百多年前。早在 1760 年，馬洛萊斯（Maroilles）修道院的記錄中，便已經提到過這款起司了。在過去，他們以這樣的方式，蒐集並保存摘取的香草，作為營養的補充。

這款起司以法國北部的阿維納村莊為根據地，它是製作奶油的副產品，農民將減去牛奶與油質的部分，進行加工再利用。將過度熟成破碎的馬洛萊斯起司，混合未熟成的馬洛萊斯起司，加入歐芹（parsley）、胡椒（pepper）、龍蒿（tarragon）和丁香（cloves）等食材調味，在大約 10周的熟成過程中，定期翻動並以啤酒洗浸，所以有著磚紅色的外皮，散發著刺鼻強烈的氣味。好之者趨之若鶩，但也有許多人難以接受。

手工產製的阿維納起司，為 250 克左右的圓錐體，有時外皮會以辣椒染色，透露著辛辣的氣味。濕潤的質地中，夾雜著青草、辛香料與強烈的起司味道。奇特而具有個性的氣味，初嚐時也許難以習慣，但不少人越吃越著迷，成為逐臭之夫。若能搭配啤酒或杜松子酒，更能品嚐出其獨特魅力！

原料	產地	熟成時間	生產季節
牛乳	法國	約 10 周	一年四季
外觀特徵	小圓錐狀，磚紅色外皮，內部為乳黃色。		
品嚐風味	氣味強烈，濃厚辛香。		
享用方式	與啤酒或松子酒一同食用。		

009 布瑞斯藍黴起司

Bresse Bleu

◆◆◆

表皮覆蓋著白黴，內裡分布著藍黴，這款起司結合了兩種起司的滋味，口感不僅層次豐富，而且質地柔滑溫順。濃郁的奶香，隨著細膩的質地化於唇齒之間，讓人一嚐就上癮。

藍與白的雙重口感

位於法國東部勃根地（Burgundy）的布瑞斯（Bresse）一帶，以產出世界最貴、最美味的「布瑞斯雞」（Bresse Poultry）而聞名於世。此地有著一望無際的平原，豐富的水源與肥沃的土地，賦予在地豐富的農業及畜牧資源。其所生產的布瑞斯藍黴起司，雖然名氣不能和布瑞斯雞相提並論，卻也受到許多起司愛好者的擁戴。

布瑞斯藍黴起司出現於第二次世界大戰期間，遍地戰火阻礙了各國的生產與國際的交流，使得義大利進口的古岡左拉起司〔單元 057〕斷貨，當地的人們實在太想念它的味道了，於是發明了一款自製的乳酪來代替，一解自己嘴饞的慾望。

這款起司，是在牛乳中添加鮮奶油製作而成的，其表皮覆蓋白黴、內有藍黴，同時兼具白黴起司的溫潤乳香，以及藍黴的些微刺激鹹辣，雙重滋味口中融合交織，口感豐富卻十分溫和。濃淡合宜的細膩滋味，比傳統的藍黴起司更好入口。

乳脂肪含量豐富的布瑞斯藍黴起司，奶香格外純濃鮮明，除了可以直接食用或加入沙拉中，也可以運用於焗烤或白醬的製作。至於搭配的酒品，則不妨選擇口味較為清淡的紅酒，來均衡濃厚的口感。

原料	產地	熟成時間	生產季節
牛乳	法國 ▮▮	2～4 周以上	一年四季

外觀特徵	圓柱型，表皮覆蓋白色黴菌，淡黃色內部有藍黴菌。
品嚐風味	柔滑綿密的口感，帶有藍黴菌特殊氣息。
享用方式	可直接食用，或用於料理增添奶香。

010 莫城布利起司
Brie de Meaux

軟質　白黴　洗皮

◆◆◆

布利起司是一款相當普及的起司，它的魅力不只限於原產的法國，連遠在亞洲的日本，都有廠商生產販售，口味也相當多元。不過，今日若說到最經典的布利起司風味，當數被喻為「起司之王」的莫城布利最具有代表性。

皇室推崇的起司之王

布利起司被視為優雅的起司，早在西元 5 世紀左右，它便已經出現在名為布利的法國小鎮了，此後數百年間，始終深受法國皇室的愛戴。其中最有名的莫過於路易十六（Louis XVI）了，連被送上斷頭台之前的最後一餐，他也要求要有布利起司。

其中 1980 年受 AOC 保護的莫城布利起司，可說最具代表性；據說，當年拿破崙在滑鐵盧戰役失敗後、簽訂維也納條約的會議期間，政治氛圍十分緊張，法國一位名為塔利蘭（Charles-Maurice de Talleyrand-Périgord）的外交官為了緩和氣氛，於是提議舉辦了一場起司大賽，邀請與會的 30 國代表帶著各自國家的起司競賽。結果由塔利蘭帶來的莫城布利（Brie de Meaux）奪冠，這就是布利被封為「起司之王」的原因。

莫城布利起司直徑約有 36 到 37 公分，尺寸比一般的白黴起司都大。乳白色的外殼帶有略為米色的桃色斑點，隨著乳酪成熟顏色逐漸變深成為象牙色。切開洗皮，濃郁烤核桃與奶油的清香撲鼻而來，略略透著青草的氣息。起司的熱愛者，不能錯過這款有深度的經典滋味。

原料	產地	稱號保護	熟成時間	生產季節
牛乳	法國 🇫🇷	AOC / 1980 年	最少 4 周	一年四季

外觀特徵	圓盤狀，表皮極薄，覆蓋著白色黴菌。
品嚐風味	洗鍊豐盈的香氣，熟成越久越顯入口即化。
享用方式	搭配紅酒最為合適。

011 布里亞薩瓦漢起司

Brillat Savarin

◆◆◆

每一份布里亞薩瓦漢起司中含有三倍的乳脂，奶油含量達 70% 以上。其奶香濃郁，有著令人難以置信的絲滑口感，外皮薄到幾乎可以忽略。搭配水果、淋上果醬，再配上一杯咖啡，就是美味天然的優質甜點。

起司中的冰淇淋

布里亞薩瓦漢是一款乳脂肪含量特別豐富的起司，有著「三重奶油之王」、「起司中的冰淇淋」、「起司中的肥肝醬」等諸多美譽。其外觀雪白柔滑，口感濃郁酸甜，滿溢著奶油的香氣，直接品嚐就很美味，好吃到讓人連表皮都捨不得丟棄。因為在世界各地都有忠實擁護者，所以很容易就可以在超市買到它。

這款起司最早出現於 1890 年代的法國賽納河流域濱海一帶。1930 年代，一位名叫亨利安德魯（Henri Androuët）的起司商人，把這款起司進行改良且發揚光大，以法國 18 至 19 世紀著名的政治家與美食家布里拉特薩瓦林（Jean Anthelme Brillat-Savarin）的名字來為其命名。此後，便以這個名字揚名，收服許多人的味蕾。

新鮮的布里亞薩瓦漢起司嚐起來和希臘優格十分類似，若經過 4～5 周的熟化，就會產生更多層次的風味。其外觀是典型的雪白色，稠密滑順的內裡亦是乳白色的，甜度與乳香都十分充足，有時還會有鹽、黃油、蘑菇及松露的氣息。沏一壺果茶，配幾顆草莓，好好品嚐這濃郁香醇的滋味吧！

原料	產地	生產季節
牛乳	法國 ▮▮	一年四季，宜趁新鮮品嚐。

外觀特徵	柔軟滑順質地，呈現白色。
品嚐風味	風味綿密，具有清淡的酸味。
享用方式	搭配水果或淋上果醬最佳，也可搭配咖啡。

012 布羅秋起司
Brocciu

產自法國科西嘉島的布羅秋起司，被認為是島嶼上最具代表性的食物，經常與該地盛產的白葡萄酒搭配，一同食用。新鮮度是影響起司口感的關鍵，購買之後應及早食用完畢。

來自拿破崙故鄉的起司

科西嘉（Corsican）是位於地中海西部的一座島嶼，島上高山聳立，有濃密的森林，約有 120 座峰超過海拔 2000 公尺；自古就常被不同民族統治佔領，現屬於法國的領土。這裡是拿破崙的出生地，其家族的故居如今已成為重要的旅遊景點，每年為這個偏遠貧窮的小島吸引許多遊客到訪。

布羅秋起司是這個島嶼的知名特產，是在地居民利用製作起司剩餘的乳清再製而成。將少許的原料加入乳清，然後持續攪拌加熱，最後將漂浮著的凝結物蒐集起來，把水份瀝乾淨，新鮮的布羅秋起司就完成了。這款起司保存期限很短，當地的農家又多拿來自用，外地人想吃到新鮮純正的布羅秋，可不容易。據說，當年拿破崙在巴黎當皇帝，為了幫母親一解思鄉之情，還特地差專人千里迢迢護送進宮呢！

新鮮的布羅秋起司帶著淡淡的甜味，口感輕綿柔軟、入口即化。春天至秋天出產者，多以山羊乳為原料；冬天至初夏間，則經常採用綿羊乳。它被廣泛地運用在科西嘉島的各類菜餚中，像是在起司上灑上大量白糖與渣釀白蘭地，就是在地很普遍、很經典的一項作法。下次有機會品嚐布羅秋起司的話，不妨也這樣試試吧！

原料	產地	稱號保護	生產季節
綿羊乳、山羊乳	法國 ▌▌	AOC／1998 年	1～6 月間為主
外觀特徵	豆腐般柔軟潔白，表面的紋路是瀝水架的壓痕。		
品嚐風味	淡淡的羊乳香氣。		
享用方式	可灑上砂糖食用，搭配白葡萄酒或白蘭地。		

013 諾曼第卡門貝爾起司 軟質 白黴
Camembert de Normandie

◆◆◆

略硬的白黴外皮，具有獨特的乳酪風味，絲綢般柔軟滑嫩的內裡，洋溢著濃郁的奶香。由於質地柔軟、易於塗抹，只要用麵包沾著吃就十分美味，搭配煙燻肉或紅酒食用也很推薦。是法國最知名的起司之一。

最具代表性的白黴起司

「自由，平等，卡門貝爾！」經常可以在超市看到的諾曼第卡門貝爾起司，是世界上最受歡迎的起司之一。它的出現約莫是在法國大革命期間，名為瑪莉‧哈瑞爾（Marie Harel）的乾酪製作家，在 18 世紀晚期開發了它，以此開啟家族事業。而今，它已是法國料理中不可或缺的經典食材。

1983 年，這款起司獲得「法國原產區名稱管制」（AOC）的保護，由諾曼第地區的牛隻所產的生乳製造，才能被冠予「Camembert de Normandie」，也就是「諾曼第卡門貝爾」的名稱。以正宗的傳統工序做出來的卡門貝爾起司，品嚐起來會散發出天然的牧草香氣，感受得到諾曼第泥土的活力與氣息。

隨著時代演進，這種傳統製作方法逐漸式微，由工廠大量製造的卡門貝爾起司，透過巴氏殺菌的程序，取代對乳源的嚴格控管，雖然價格便宜許多，但也使得風味損失不少。更讓法國料理界憂心的是，法令的逐漸鬆綁，讓消費者越來越難透過標示辨別產品的原料來源，大大擠壓到小農的生存空間，讓這項重要食材面臨越來越稀少的命運。

原料	產地	稱號保護	熟成時間	生產季節
牛乳	法國 🟦🟦	AOC / 1983 年 AOP / 1996 年	最少 21 天	一年四季

外觀特徵	表皮覆蓋著白黴菌，內部呈奶油色，質地軟嫩。
品嚐風味	奶味香濃，口感柔滑。
享用方式	烤到微微融化，搭配麵包、煙燻肉或紅酒。

014 康塔爾起司
Cantal

◆◆◆

經典的傳統起司，產自法國的康塔爾省（Cantal），是法國人相當熱愛的起司之一。有著灰褐色的外殼，乾燥而呈粉狀，內芯呈淡黃色，質地緊密平滑，散發堅果香。

歷史悠久的特大起司

康塔爾起司是法國最古老的奶酪之一，可以追溯到遠自古羅馬的高盧統治時代，距今已有兩千多年歷史。在被 AOC 認證的起司中，這類以奧文尼地區（Auvergne）山脈命名的起司，被統稱為「法國切達乾酪」（French chedda）。不過，無論是作法和口感，康塔爾起司和多數切達起司並不相同。

這款起司的尺寸十分了得，可以重達 40 公斤。依照其大小有三種稱呼方式：最大的稱作「佛姆‧德‧康塔爾起司」（Fourme de Canta），直徑 36 ～ 42 公分，重 35 ～ 40 公斤；稍小一點為「迷你康塔爾起司」（Petit Cantal），直經 26 ～ 28 公分，重 15 ～ 20 公斤；最小的稱為「康塔雷起司」（Cantalet），直徑 20 ～ 22 公分，重 8 ～ 10 公斤。

康塔爾是法國餐桌上經常出現的一款起司，能與葡萄、蘋果與堅果巧妙搭配，無論是湯、沙拉、火鍋或焗烤都很適合，每年銷量龐大，深受法國人的喜愛。儘管表面如石頭般凹凸不平，但內芯風味卻十分溫潤，有著果實般樸實的味道。耐人尋味的是，在不同的熟成階段，風味也會隨著變化，越久則辛香氣息越濃厚。

原料	產地	稱號保護	熟成時間	生產季節
牛乳	法國 ■■	AOC / 1956 年	至少 30 天	一年四季，每個熟成的階段展現不同風味。
外觀特徵	表皮乾燥、凹凸不平，呈灰白至橘色的轉變。			
品嚐風味	有堅果的氣息，隨著熟成時間增加，風味更顯強烈。			
享用方式	與堅果、葡萄和蘋果很速配，沙拉、湯品或焗烤皆適用。			

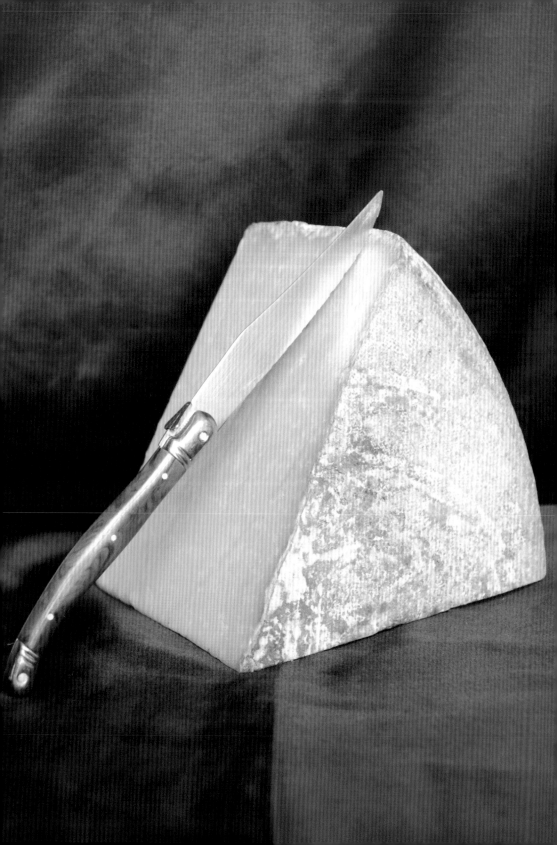

015 沙比舒起司

Chabichou du Poitou

軟質　羊乳

◆◆◆

乳含量約 45%，外表光滑，口感滑順，酸味與甜味調和得很均勻，帶有些許辛香味。當表皮變硬且逐漸轉變為灰色之後，口感就會轉變得更加濃厚強烈。

來自伊斯蘭世界的美味

沙比舒起司誕生於法國中部普瓦圖（Poitou）地區，歷史可以追溯到西元 8 世紀。由西班牙南方前來侵略的伊斯蘭教徒在這一帶吃了敗仗，許多人隨著軍隊離開，但也有少數人就此留下來定居。這裡的土壤貧瘠，多為石灰岩與沼澤地形，並不適合從事農業，他們在這裡以畜養山羊維生卻意外地相當適合。

這群在這裡展開新人生的伊斯蘭門徒，在此地展開了新的人生，也意外地將獨特的山羊飼育法與起司製作方法，在這裡推廣出去。「沙比舒」（Chabichou）的稱呼，便是由阿拉伯語的「山羊」（Chabi）演變而來，到現在還是有許多人暱稱它為「沙比」（Chabi）呢！

現在的普瓦圖地區，是法國飼育山羊的第一產區，而產於此地的沙比舒起司，自然也享有相當的盛名。外表雪白的它，其實風味比一般羊乳起司更濃烈一些，甚至帶點辛香風味，尤其當表皮逐漸變硬，其內部的山羊乳香氣，就愈發明顯。即使搭配陳年葡萄酒，仍然滋味十足，充滿韻味。

在取得名稱認證之前，沙比舒起司的外型十分多樣化，自 1990 年獲得 AOC 認證之後，為了好辨認，則將外型統一為上方較窄的圓柱狀，類似軟木塞。

原料	產地	稱號保護	熟成時間	生產季節
山羊乳	法國 🇫🇷	AOC／1990 年	最少 10 天	一年四季皆可生產，但農家多半在春到秋季時製作，以春夏間出品的最美味。
外觀特徵	宛如軟木塞的形狀，表皮薄且紋路明顯，內部是細緻的白色。			
品嚐風味	相較其他山羊起司，帶著些許辛香，所以較為濃郁。			
享用方式	若熟成時間較短，可搭白葡萄酒；若熟成時間較長，可搭紅葡萄酒。			

016 夏勿斯起司
Chaource

◆◆◆

來自法國東北部的夏勿斯起司，是一款出自中世紀僧侶手筆的滋味。
50% 的乳脂含量，創造出入口即化的圓潤鹹香，可搭配具有水果風味
的白酒或香檳。

柔軟質地，濃郁鹹香

夏勿斯起司的歷史相當悠久，根據目前可見的書面資料，至少從 14
世紀開始，它就在法國東北地區的同名村莊生產。據說，它是由該地僧侶
所創作出來的，過著修道苦行生活的他們不吃肉，便以具有類似營養成分
的起司取代之。只不過，從前人們吃的是新鮮起司的版本，現在則通常會
經過熟成才在市場上販賣。

這款圓柱狀的起司，有豐富的乳脂，質地十分柔軟，無彈性而易碎。
其外皮是帶著絨毛的白色硬殼，隨著熟成的時間越久，風味逐漸變得濃
郁，外殼也會逐漸產生棕點。中世紀的人們偏好 2 ～ 4 周的新鮮滋味，現
在人們則願意等待 2 ～ 3 個月，以一嚐那份帶著水果與蘑菇氣息的濃郁鹹
香。此外，由於含水量高，在保存時要特別注意：開封後，最好用保鮮膜
或防油紙包妥，放在保鮮盒中。在 4 度左右的冷藏環境下，約可維持至少
3 個月的口感。

起司的故鄉，同時也是法國著名的香檳產地。因此，自古以來，起司
便會在香檳交易會上，當作一種陪襯，一併進行出售。喝香檳、吃夏勿斯
的傳統，延續了下來，直到今日，成為在地的經典品味方式。或者，你也
可以選一瓶果香濃郁的白葡萄酒來搭配，感受層次豐富的鮮明香氣。

原料	產地	稱號保護	熟成時間	生產季節
牛乳	法國 🇫🇷	AOC / 1970 年 AOP / 1977 年	2 周～ 2 個月	一年四季，春末夏初滋味最佳。
外觀特徵	硬脆帶絨毛的白色外層，會隨著熟成時間產生棕色斑點，內裡為淡黃色，質感柔滑。			
品嚐風味	鹹味鮮明，帶有果香、鮮奶味及蘑菇氣息，味道隨熟成時間愈顯香濃。			
享用方式	可搭配富果香的白酒一起享用。			

017 夏洛來起司
Charolais

軟質　藍黴　羊乳

◆◆◆

山羊乳的香醇美味，在夏洛來起司中得到淋漓盡致的演繹。一含在口中，高雅的乳香與果實氣息在口中逐漸散開，繚繞齒間，久久不散。

悠長而深邃的餘韻

這是一款來自法國中部的一種小型圓筒狀起司。產地夏洛來（Charolais）是歷史悠久的古城，擁有肥沃的草原與純淨的水源，產出聞名世界的夏洛來品種牛。基於經濟與效益的考量，酪農習慣以山羊乳製作起司，不過也有不少選擇牛乳或者混合牛、羊乳的例子。

2010 年，夏洛來起司的生產被授與 AOC 的名稱保護。所謂能被稱之為夏洛來的起司，必須採用費時的乳酸發酵方法，以達到格外細膩的質地。在原料方面，儘管傳統為使用羊乳，但也可以牛乳來代替。此外，它的固化不是使用凝乳酶，而是以自然的方式，經 12 ～ 24 個小時形成凝膠狀凝乳。

因此，和一般山羊乳起司比較，夏洛來起司的質地特別緊實有彈性，風味也更加紮實厚重。經過數周的熟成之後，起司會繁殖出大量黴菌，白色酵母與藍黴菌自然形成覆蓋在表皮上，衍生出榛果般的風味。等到表皮開始轉成灰色，就是最佳的賞味時機。這款起司含於口中之時，所散發的平衡而綿密的香氣，餘韻繚繞唇齒，山羊乳的濃厚韻味悠遠而微妙，充斥在口腔與鼻息之中，久久不散。

想要品嚐這款層次豐富的滋味，可以搭配周邊地區盛產的勃根地紅酒，或者配上一杯老香檳也不錯！

原料	產地	稱號保護	熟成時間	生產季節
山羊乳、牛乳或混合	法國	AOC / 2010 年	至少 16 天	春天至秋天。
外觀特徵	圓筒型，表皮覆蓋著白色酵母以及藍黴菌。			
品嚐風味	質地紮實，風味勻稱，帶著榛果香，有適度的甜味與鹹味。			
享用方式	搭配紅酒或香檳。			

018 康堤起司
Comté

硬質

康堤起司在法國是最暢銷起司之一，舉凡起司鍋、起司盤、三明治、烤蔬菜、歐姆蛋等料理，都可以見到它。其不只風味濃郁，更有著獨特的香氣，無論應用於料理中或者直接食用，滋味都非常迷人。

法國起司的人氣王

康堤起司相傳有上千年歷史，最初發源於法國東部鄰近瑞士邊境的法蘭琪－康堤大區（Franche-Comté）。此處山巒起伏，平原穿插其間，有著豐富自然資源；產出的牛乳量多且優質，很適合製作起司。每個平均 40 公斤的大車輪狀康堤起司，需耗費 450 公斤的牛乳，才能製作完成。

香氣，是康堤起司最大的特色。風味濃郁的起司眾多，但香味像康堤如此豐富的，就不多見了。花香、青草香、蘑菇香、咖啡香及核果香……，馥郁的芬芳千變萬化，從味蕾蔓延鼻腔，令人著迷。由於製作的乳源來自廠商周邊放牧的乳牛，所以每塊康堤起司的香氣，都清新的反映著產地的風土，各具個性與特色。

不同季節的原料，也影響著康堤起司的風味。夏天，乳牛食用了新鮮的牧草，製成的起司色澤金黃，口感相當厚實；冬季，牛乳滋味清淡，起司偏向乳白色，味道就顯得清爽不少。此外，隨著熟成時間的增加，康堤起司的濃韻與後勁也會變得更鮮明。

對於熱愛起司的法國人來說，經常位居銷售量榜首的康堤起司，是飲食文化中不可或缺的一部分。可以說，如果不認識康堤起司，就不算是真正認識法國呢！

原料	產地	稱號保護	熟成時間	生產季節
牛乳	法國	AOC／1958 年	最少 120 天	一年四季皆盛產，採夏季原料製成風味最佳。
外觀特徵	表皮隨著熟成時間變長，而逐漸由黃轉為棕色，內部為奶油般的黃色。			
品嚐風味	風味醇厚而不膩，適度熟成後產生適宜的甜香，芬芳洋溢。			
享用方式	用於起司鍋、焗烤、三明治等料理製作，或搭配酒類直接品嚐。			

019 克勞汀德查維格諾爾起司

Crottin de Chavignol

`軟質` `羊乳`

◆◆◆

外型十分小巧，被形容像馬糞、羊糞，或是傳統的粘土小油燈。其風味清淡，加熱後做成沙拉十分合適，搭配不甜的白葡萄酒或清淡的紅酒，更是相得益彰。是很適合天氣炎熱時品嚐的一款起司。

來自知名酒鄉的經典滋味

克勞汀德查維格諾爾起司是法國羅亞爾河（Loire）周邊一款歷史悠久的起司，主要出產於查維格諾（Chavignol）一帶。對於葡萄酒的愛好者來說，查維格諾一帶其實就是知名的葡萄酒產地桑賽爾（Sancerre），這款起司也就成為搭配桑賽爾葡萄酒的最佳選擇了。

據推測，它約莫在 16 世紀時便已經出現，目前最早的書面記錄可以上溯至 1829 年，見諸稅務檢查員的文字記錄中。關於其名稱，有許多推測與說法，有人說因為它久放之後會變成褐色，看起來很像糞便，所以被稱為「查維格諾的馬糞」（Crottin de Chavignol）；也有人認為，它看起來像是粘土製的小油燈，所以從「小油燈」（Crot）一詞演變而來。

法國咖啡廳常見的經典菜色「克勞汀沙拉」，便是採用剛熟成不久的克勞汀德查維格諾爾起司擺在法式長棍麵包上，再放進去烤箱烘烤加熱。其酸甜清香的滋味，在天氣炎熱的時候，格外開胃。

原料	產地	稱號保護	熟成時間	生產季節
山羊乳	法國 ■■	AOC／1976 年	最少 10 天	一年四季，尤其春、夏季出產最為好吃。

外觀特徵	表皮有薄薄的粉狀物，外型小巧。
品嚐風味	熟成時間短風味清淡，熟成時間長則有香甜奶香。
享用方式	可做成沙拉，搭配胡桃麵包。

020 伊泊斯起司

Epoisses

◆◆◆

在洗皮起司中，伊泊斯起司可說是氣味最強烈的一款，牛乳的鮮醇被濃縮在其中，風味獨樹一格。圓潤、脂滑、鹹中帶甜，被許多饕客認為是法國起司中的極品。

香氣出眾的起司之王

產自法國朗格勒（Langres）高原北邊金丘（Côte-d' Or）的伊泊斯（Epoisses）小鎮，是勃根地地區唯一經 AOC 認證的起司。伊泊斯起司以其強烈而充滿個性的特殊香氣，虜獲許多重度起司愛好者的心，在法國甚至被稱為「神之足」，有「起司之王」的封號。

這款起司出現於 17 世紀，由伊泊斯村莊西篤教會的僧侶所研製。他們根據公元 960 年法國北部修道院的一款洗皮乳酪進行改良，製作出這款獨特的起司。此後的兩百年間，當地的酪農從也習得了其製作方式，並將它發揚光大。到了 20 世紀，受到第二次世界大戰的影響，使得生產的農家驟減，還一度曾引發停產危機。

伊泊斯獨樹一格的風味，來自其特殊的熟成方式。一般洗皮起司是以鹽水洗浸表面，但這款起司卻是在最後的步驟，奢華地利用當地盛產的渣釀白蘭地。熟成時間較短的起司，味道會較為圓潤；當熟成時間越久，則味道更濃韻有勁，刺鼻的味道也更加強烈。

不喜好強烈味道的人，在食用這款起司之前，可以將表皮事先去除，純粹品嚐內芯即可。不過，表皮去除後的起司會快速變乾，使得風味大打折扣，要儘快食用完畢。

原料	產地	稱號保護	熟成時間	生產季節
牛乳	法國 🇫🇷	AOC / 1991 年	最少 4 週	一年四季，隨季節不同風味也大異其趣。

外觀特徵	圓盤狀，表皮為鮮橘至紅褐間色澤。
品嚐風味	香氣特別而強烈。
享用方式	搭配麵包或果醬，或佐以白蘭地。

021 費塞勒起司
Faisselle

♦♦♦

原產於法國中部，但由於名稱未受認證保護，因此法國其他地方也能
自由生產。其味道細緻均衡，鹹甜皆宜，十分百搭。

鹹甜百搭的起司

若是到訪法國第三大城里昂（Lyon），千萬不要錯過當地盛產的費塞勒
起司。這款不受稱號保護的起司，雖然全法國皆有生產，但傳統上是以法
國中部為主。

費塞勒起司採牛、山羊或綿羊的乳品製成，這種新鮮起司因為質地柔
軟易碎，所以通常被放在塑膠杯一般的模具中出售；其有著絲綢般的滑順
細膩，濃郁的奶香中帶著恰到好處的酸，有點像是優格，滋味均衡內斂。

這款起司，滋味中庸，沒有辛香或嗆辣，單嚐並不特別出奇。但其絕
妙之處，在於根據調味的變化，它可以呈現出截然不同的美味，堪稱是百
變天后。喜歡吃甜的？簡單地拌入白砂糖和奶油，就是絕妙的餐後甜點，
搭上一杯咖啡，邊吃邊聊，為一餐畫下完美的句點。想來點鹹的？加入白
葡萄酒、細香蔥、紅蔥頭等，就成了里昂的特色小吃「絲織工腦髓」。或
是調至牛排醬、用於焗烤或搭配巧克力，無限美食巧思，可以無盡賞味。

和多數起司一樣，費塞勒起司的營養成分很高，特別是豐富的鈣質、
磷和維生素 B12。此外，它還特別適合減肥者食用！其脂肪含量極低，每
100 克的起司，約莫只有 88 卡路里的熱量。在補充營養之餘，也不用擔心
會變胖唷！

原料		產地	生產季節
牛乳或羊乳		法國 ■ ■	一年四季
外觀特徵	明亮的白色，質地濕潤柔嫩，放於模具中出售。		
品嚐風味	如絲綢般柔順滑膩，濃郁的奶香中帶著適中的酸。		
享用方式	加入白葡萄酒、細香蔥、紅蔥，一起食用。		

022 佛姆德阿姆博特起司 藍黴
Fourme d' Ambert

◆◆◆

奶油般濃密柔順的米黃質地中，帶有黴菌形成的明顯藍色紋理。起司的濃郁與黴菌的鹹香交織，鮮明的滋味中流露著清爽的調性，風味高雅出眾。

源自羅馬時代的滋味

「佛姆德阿姆博特起司」簡稱「阿姆博特起司」，產自法國奧文尼大區（Auvergne），據說法國數一數二的古老起司。它出現在人類的歷史上，已經超過一千年了，可以追溯到羅馬帝國佔領這一帶的時期，當時生活在奧文尼的修行者與農民。

古早年代，這款起司在標高 600 至 1600 公尺的山谷中製造，並放置在岩石的凹洞處進行熟成；到了現在，多數的產品都是以現代化製程產出，但過程都儘可能接近傳統工法，以確保展現經典原味。當起司的表面呈現石頭一般的凹凸粗糙，且外側顯得乾燥，就是賞味的最佳時機。

就口感來說，阿姆博特起司比多數藍黴起司都來的清淡優雅，細緻柔順的質地之中，鹹香並不突兀或嗆口，反而恰到好處地畫龍點睛，讓濃郁的奶香更顯得鮮活。這種內斂不張揚的滋味，以溫和與沉穩為特色，受到許多行家饕客的青睞，格外脫俗出眾，所以素有「高貴起司」的雅號。

在地的老饕們，喜歡以湯匙挖去中間部分，在將波特酒（Port Wine）倒入凹洞中，混合著一塊享用。別被它滿佈藍黴的外表給嚇著了，佛姆德阿姆博特起司的高雅風情，身為起司迷不可錯過！

原料	產地	稱號保護	熟成時間	生產季節
牛乳	法國 🇫🇷	AOC / 1972 年	至少 28 天	一年四季，尤以夏天至冬天出品特別美味。

外觀特徵	圓筒型，表皮薄，奶油般的米黃色，遍佈藍黴菌。
品嚐風味	氣味清爽，刺激性低，具有堅果氣息。
享用方式	用於通心麵料理，或搭配蜂蜜、梨子等水果食用。

023 白起司
Fromage Blanc

◆◆◆

以儉樸方式製作而成，食用方式也十分簡單，只要直接淋上果醬、蜂蜜，或是搭配草莓等水果，就是一道健康又美味的甜點。初入口時味道清爽，微酸的滋味，香味並不強烈，但乳香會在喉頭漸漸發散，韻味深長，回味無窮。

簡約百搭的滋味

白起司被稱為「Fromage Blanc」，「Fromage」在法文中是起司的意思，而「Blanc」則是空白、潔白的意思。就像它的名字一樣，白起司的製作方法相當簡單，沒有什麼複雜的步驟，將加熱後的脫脂牛奶或全脂牛奶加入乳酸菌進行發酵，再以酵素促進凝固，不需再經過熟成的時間，便大功告成。

這款未經熟成的新鮮起司，看起來跟優格非常類似，品味起來也有異曲同工之妙，它也帶著酸味，但不像優格那麼酸，清爽的風味中，奶香還要更濃郁一些，吃起來也更有飽足感，在法國是非常受歡迎的日常甜點。人們喜歡把它加在沙拉中，或者拌入果醬或蜂蜜，市面上有些經過調味的水果口味，也很受消費者歡迎。

一般來說，儘管白起司有各式各樣，但脂肪含量大都比較低，有些以脫脂牛乳製成的白起司，脂肪含量甚至是 0%，是健身或減肥愛好者補充營養、維持體態的好幫手。許多家長更以此取代不健康的零食，作為小朋友的營養點心。在法國，它更經常被當成離乳食品，給嬰幼兒食用。

原料	產地	生產季節
牛乳	法國 ▮ ▮	一年四季
外觀特徵	簡單的白色外觀，無堅硬表皮，柔軟奶油狀。	
品嚐風味	微酸清爽，香氣並不明顯。	
享用方式	可單獨食用，或搭配水果及蜂蜜。	

024 朗格瑞斯起司

Langres

軟質　洗皮

◆◆◆

起司的上方有凹洞，是朗格瑞斯起司最大的特色，外觀十分特殊。有著獨樹一格的香氣，熟成越久則越發強烈。雖然全年都盛產，但最適合每年 5 月至 8 月間品嚐。

起司之泉

朗格瑞斯起司起源於法國東北地區香檳亞丁（Champagne-Ardenne）地區，朗格瑞斯（Langres）高原上的同名城鎮。這個城鎮，在羅馬時代是個交通與軍事的要塞，曾經繁榮一時，至今仍可見當時的防禦城牆，是歷史悠久的文化古城與旅遊勝地。

朗格瑞斯起司便是相當具有在地特色的食物之一。起司的內部極為細緻緊密，甚至帶著些許彈性，在口中的溫度恰恰可以融化，略帶辛香與煙燻的鹹味，讓奶油香氣更加馥郁，縈繞齒頰令人回味。很長一段時間，這款起司僅限在地居民食用。18 世紀開始，朗格瑞斯起司的名聲逐漸打開，1991 年獲得「法國原產區名稱管制」（AOC），才對歐洲乃至於世界打開市場。

有兩種特色，讓這款起司聲名大噪：其一，在製作過程中，由於瀝乾時不會上下翻轉，因此上方的表面會有幾公分的凹陷，像是池子一般，所以又被稱為「泉」；其二，它的外皮是濕潤的，泛著洗皮過程產生的橘黃或紅褐色，且散發著濃厚強勁的香氣。將香檳注入起司中間的凹陷處，是當地特有的吃法，起司的鹹香與酒液的甜香風味交融，風味很有個性！

原料	產地	稱號保護	熟成時間	生產季節
牛乳	法國 🇫🇷	AOC／1991 年	至少 5 周	一年四季，夏天最佳。

外觀特徵	表皮為黃橘至紅褐色之間，上端中央會出顯凹洞。
品嚐風味	入口即化，帶著煙燻與辛香。
享用方式	搭配餅乾、製作披薩，或搭配香檳皆宜。

025 里伐羅特起司
Livarot

◆◆◆

由於在熟成期間會反覆利用鹽水洗浸，所以里伐羅特起司的氣味相當強烈，是一款比較適合行家的口味。其內芯稠密柔軟，帶有彈性與小孔，堅果的香氣在口中釋放，同時品嚐得到青檸味與辛香。

內行人的鍾愛滋味

「里伐羅特起司」與「龐特伊維克起司」〔單元034〕同屬「安傑羅起司」（Angelo），是諾曼第大區極具代表性的洗皮起司。和許多起司一樣，這款起司起源於名為里伐羅特鎮（Livarot），所以以此命名。它是諾曼第數一數二的古老起司，有著典型的修道院風格，自1975年以來一直受到AOC的保護。

一款美味的里伐羅特，不僅經過仔細的鹽水洗滌，且經過胭脂樹製成的染料染色，並於溫暖潮溼的酒窖中熟成達2個月以上。要辨認這款起司，最明顯的特色就是側面纏上的5條繩子，過去這個工序是為了防止外型走樣，繩子多為草製，現在則純粹成為一種識別的裝置，部分改為紙製。因為這個條紋花樣令人想到軍服的袖口，所以又被稱為「上校」（colonel）。

里伐羅特被起司狂熱者認為是世界最優質的起司之一。切開辛辣的洗皮，其內部呈現柔軟的金黃色，帶有小孔和彈性，濃厚的味道層次變化多端，一開始是堅果風味，然後慢慢釋放出鹹檸檬與辛香氣息。常溫之下，搭配紅酒或蘋果酒食用，最能感受它的魅力。

原料	產地	稱號保護	熟成時間	生產季節
牛乳	法國 🇫🇷	AOC／1972年	最少30天	一年四季

外觀特徵	表皮為橘色，側面會纏上繩子，內部是奶黃色。
品嚐風味	質地綿密，具有彈性，風味隨熟成時間增強。
享用方式	內芯可搭紅酒或蘋果酒，外皮可切成細碎狀，與沙拉或濃湯一起食用。

026 瑪瑞里斯起司
Maroilles

軟質　洗皮　白黴

◆◆◆

這款歷史悠久的起司，深具修道院的風格。其橘色的表皮，是經過多次鹽水洗刷並長期放至地下形成，現在則多半是添加色素以增加辨識度。其風味強烈，是深具特色的法國北部起司。

來自修道院的濃郁滋味

瑪瑞里斯起司已有一千多年的歷史，最早約莫出現在 10 世紀，由法國北部一個名為「瑪瑞里斯」（Maroilles）修道院所製作。後來名聲漸大，菲力普二世（Philip II）、路易九世（Louis IX）、查理六世（Charles VI）等法國國王，都非常喜愛。

製作方式是將凝乳成型並加熱，置於通風乾燥的地方約莫 10 天，使其形成輕柔的細菌塗層。接著刷洗表面，進行窖藏熟成。在放置期間，必須定期進行翻動，並刷除表面白色黴菌，已確保紅色細菌將表皮轉變為均勻的橘紅色。製成的起司脂肪含量答 45% 以上，口感香醇厚實，很有地方特色。

上映於 2008 年的知名法國喜劇電影《歡迎來到北方》（Bienvenue chez les Ch'tis），描述一名失意的郵局經理，因故被派任到法國北部，卻意外愛上這裡。電影中，主角吃了聞起來臭臭的瑪瑞里斯起司，卻意外地被這個味道征服。這個小小的插曲，顯示了這款起司的代表性。

在當地，喜歡將派皮放上瑪瑞里斯起司，加上鮮奶油與蛋，在放進烤箱烘烤。完成後，就是經典的瑪瑞里斯派！

原料	產地	稱號保護	熟成時間	生產季節
牛乳	法國 🇫🇷	AOC / 1976 年 AOP / 1996 年	2～16 周	一年四季，以每年5～8月出品最佳。

外觀特徵	橙紅色水洗皮，內芯為黃色。
品嚐風味	濃厚而具有層次感，香氣強烈。
享用方式	製作鹹派，可搭配啤酒或紅酒。

027 米莫雷特起司
Mimolette

◆◆◆

外表像顆堅硬的隕石，內裡卻是橙橘色而軟嫩的內芯，香濃帶有韻味。這款源自荷蘭的滋味，在法國的重新打造下，呈現出一番無可取代的獨特風味。

總統最愛的滋味

米莫雷特起司最初產於法國北方，是根據太陽王路易十四（Louis XIV）的要求而製成的。它的出現是為了取代一款名為「埃德姆」（Edam）〔單元 072〕的荷蘭起司，由於 1675 年荷法戰爭的爆發，讓起司無法進口，遂有了米莫雷特的誕生。

雖說是為了取代伊頓起司而製作，但法國人並不想要打造一模一樣的替代品。為了讓米莫雷特起司顯得獨特，他們以胡蘿蔔汁來進行染色，賦予其獨特的鮮橘色澤。直到現在，儘管著色劑已經從胡蘿蔔汁改為胭脂樹紅（annatto），這鮮豔搶眼的色彩，仍是可以清楚辨認米莫雷特起司的最大特徵。

米莫雷特起司的表皮有如乾燥後的泥土，可以幫助起司蟎（Cheese mite）繁殖以促進熟成效果。若熟成時間短，則表皮光滑柔順，內裡軟嫩而風味綿密；若熟成時間長至一年以上，則表皮會變得堅硬，形成無數細小凹洞，風味則更加醇厚，帶著深沉的韻味，近似於烏魚子。

據說，戴高樂總統（Charles André Joseph Marie de Gaulle），最愛的起司便是米莫雷特。品嚐這款總統最愛的滋味，來杯日本清酒可說最速配了，或者搭配白酒或啤酒也不錯喔！

原料	產地	熟成時間	生產季節
牛乳	法國 🇫🇷	6 周以上	一年四季
外觀特徵	表皮上方有無數孔洞，隨熟成時間而增多，內部呈現鮮橘色。		
品嚐風味	有著烏魚子般的濃郁風味。		
享用方式	風味醇厚，可搭配日本酒。		

028 金山起司
Mont d' or

◆◆◆

產自瑞士與法國邊界的金山（Mont d' Or），於每年夏末至春天結束前製作，是一款季節限定的起司。看到它，就知道天氣要變冷了！

冬季限量的山林美味

深受饕客們喜愛的金山起司，產自法國與瑞士邊界侏羅山脈（Jura）中的金山，因此而得名。這是一款聞名世界的季節性起司，每年夏季結束時才開始製造，一直到春天結束前便會結束。由於至少需要 3 周的熟成時間，才會在市面上流通販售，所以人們在市場上看到這款起司時，多半已經是秋冬時節了。人們總愛說：「看到金山起司，就代表天氣要冷了！」

生產於這個盛產杉木的一千多公尺山區，金山起司裡蘊含了山林的綠意與生氣。在製作的過程中，酪農會將凝乳以雲杉（Spruce）製成的薄木片將其包裹固定，放置在同樣是杉木製作的棚架上加以洗浸並熟成，最後包裝的容器也是木頭所製。獨特的流程，讓這款起司除了醇厚的起司風味之外，更散發優雅的木質風味，每口都奢華無比，因此在法國被賦予「起司珍珠」的美名。

此外，如乳霜般的濃郁與回甘，亦是金山乳酪讓人欲罷不能的魅力。你可以將其放於室溫回溫，再剝開表皮，用湯匙舀起柔軟質地，直接品嚐；或者以鋁箔紙包裹整個木盒，放入烤箱中焗烤，再搭配馬鈴薯、蔬菜、火腿食材享用。若能灑些香料、蒜頭或白酒，賦予些個性與層次，更是經典迷人的冬日風味。

原料	產地	稱號保護	熟成時間	生產季節
牛乳	法國 🇫🇷	AOC / 1981	3 周以上	8月15日～隔年3月15日，最佳賞味時機為 11、12月。

外觀特徵	以雲杉木條包裹，呈現金黃色到褐色的色澤。
品嚐風味	乳霜般質地，濃厚乳香中，帶著堅果、蘑菇及木質氣息。
享用方式	置於室溫退冰後直接品嚐，或連著木盒放入烤箱焗烤。

029 莫爾比耶起司
Morbier

沒有切開之前，外型和康堤起司相當類似，切開之後剖面可見由煙灰造成的清晰黑線。其豐盈的果香，在入口的瞬間便融於唇齒間，充盈鼻息，令人心曠神怡。

愛惜物資的家傳滋味

　　和康堤起司〔單元 018〕來自同一個產地，源自法國與瑞士邊境的法蘭琪－康堤大區（Franche-Comté），以坐落在該區的小村莊「莫爾比耶」（Morbier）來命名。莫爾比耶起最初是製作康堤起司的副產品，以使用剩餘的牛奶製作而成，本來純粹供給自家食用，並沒有對外販售的意圖，是酪農惜物愛物的智慧結晶。

　　農民在製作時，經常會遇到鍋中剩餘的凝乳不足的狀況，於是他們灑上葡萄藤等植物燃燒的灰燼，阻止表皮的形成與蟲子的滋生，待到隔天再加入其他使用剩的凝乳，沿用下來就成了這款起司的一大特徵。現在雖然已經不需要透過這樣的方式保存凝乳，但仍會刻意加入天然的植物性染料，以維持鮮明的特色。

　　既然是系出同門，莫爾比耶起司和康堤起司一樣，擁有馥郁迷人的香氣。切開有著宛如大理石紋路的剖面，清甜的果香隨之迎面而來，隨著起司在口腔中融化，洋溢在呼吸之間。如果時間更長，果香會逐漸轉變為花香，味覺層次與變化就更豐富了。

　　品嚐莫爾比耶起司，可以挑選來自法國東北的酒類，充分感受來自這塊土地的宜人氣息。或者用它做一道美味的法國料理，也是不錯的選擇！

原料	產地	稱號保護	熟成時間	生產季節
牛乳	法國 ▋▋	AOC／2000 年	至少 45 天	一年四季，尤以夏天至冬天間所產最美味。

外觀特徵	表皮為灰褐色，橫剖面可見中心的黑線。
品嚐風味	豐盈果香，從唇齒間直衝腦門。
享用方式	可單獨食用，或搭配水果及蜂蜜。

030 芒斯特起司
Munster

◆◆◆

芒斯特起司的風味十分獨特，強烈的風味氣息，入口卻相當溫和，花香木質香充盈口腔，甜而不膩回韻無窮。隨著熟成日期的增加，口味更加濃郁，是品嚐紅葡萄酒時或啤酒的絕配。

洋溢濃郁花草香氣

採用吃著孚日山脈（Massif des Vosges）青草的乳牛牛乳，芒斯特起司含脂量高達 45% ～ 50%，匯聚了大自然的恩賜，洋溢著當地特有的花草香。在 AOC 的保護下，產出的芒斯特起司必須採未經巴氏消毒的牛奶製成，稱為「粗牛奶」，濃郁的香氣中透露著孜然的氣息，風味相當強勁。表皮因為經過反覆清洗，使得表皮帶著淡淡的橘色，相當具有特色。

這款起司存在這個地區，已經有一千多年了，它的出現和修道院脫不了關係。據說 7 世紀時一個愛爾蘭的僧侶來到這裡，將其製作方法傳授給當地居民；另一個說法是，7 世紀時的一群僧人，為了長久保存在地牛乳，並提供給修道院周邊農民食物，發明了這款起司。16 世紀起，這款起司開始聞名世界各地，在巴黎、瑞士、盧森堡和德國等地，都相當暢銷。

儘管芒斯特起司一年四季都盛產，但母牛在孚日山脈高處放牧時，產出的牛乳最適合做起司，所以行家們一致公認以夏季與秋季出產的風味最佳。食用時，可以倒上一杯啤酒或紅酒直接品嚐，或者將起司、馬鈴薯、洋蔥切碎，做成馬鈴薯沙拉，亦是一款好吃的甜點。

原料	產地	稱號保護	熟成時間	生產季節
牛乳	法國 ■ ■	AOC / 1969 年 AOP / 1996 年	5 周～ 3 個月	一年四季

外觀特徵	淡橘色表皮，帶有線條狀的花紋；內部是黃，為濃稠乳脂狀。
品嚐風味	香氣濃烈，帶孜然氣息，有牛奶的甜味。
享用方式	可搭配馬鈴薯，或單獨搭配葡萄酒。

031 訥沙泰勒起司
Neufchatel

軟質　白黴

◆◆◆

在天鵝絨般的白色外皮下，是軟嫩流動的象牙色起司，洋溢著新鮮青草與蘑菇的風味，有強烈的鹹味。如果熟成期比較長，那麼氣息就會更加芬芳濃郁，餘韻無窮。由於有著相當討喜的愛心特殊形狀，經常被當成禮物來贈送。

最適合告白的起司

訥沙泰勒是一款歷史相當悠久的起司。早期，人們稱它為「福羅梅頓起司（Frometon）」，修道院更以這款起司作為上繳的稅金。到了英法百年戰爭時，一個法國訥沙泰勒村的婦女，愛上了出征的英國士兵，製作了心形的起司送給心儀的對象，遂有了訥沙泰勒起司的稱呼。

19 世紀起，這款起司在美食家的引薦下，深受愛浪漫的巴黎人所喜愛。到了 1969 年，其更獲得 AOC 保護，限定產於諾曼第（Haute-Normandie）才可以被稱為訥沙泰勒。除了心形之外，受認證的的還有圓柱形、四角形、長方形等等，至於心形的的起司，則被特別稱為「可爾德訥沙泰勒起司（Coeur de Neufchatel）」，是情人節等特殊節日相當搶手的商品。

訥沙泰勒起司的外層，包覆著宛若天鵝絨的白黴外皮，切開略微堅硬的外表後，是柔軟濃密的芝心乳酪，濃郁中流露著蘑菇與青草的氣息，鹹香顯著。放置在常溫中 30 到 60 分鐘，然後抹在烤熱麵包上，最能享受到其獨特的濃郁芬芳！

原料	產地	稱號保護	熟成時間	生產季節
牛乳	法國 🇫🇷	AOC / 1969 年	最少 10 天	一年四季

外觀特徵	表皮有著宛如天鵝絨的細緻白黴菌，以心型聞名。
品嚐風味	香氣醇厚，味道與奶油接近，鹹味強勁。
享用方式	放置於常溫半小時以上，搭配麵包食用。

032 歐娑伊拉堤起司
Ossau-Iraty 半硬質 羊乳

◆◆◆

來自法國南部的庇里牛斯山，是一款傳統的半硬質綿羊乳酪，熟成時必須在 12 度以下的地窖放置，至少 90 天以上。香味溫潤，越咀嚼越有味。

庇里牛斯山腳下的美味

歐娑伊拉堤起司產自法國南部的庇里牛斯山山區，是一款很傳統的半硬質綿羊起司。其名稱來自限定產區貝亞恩（Béarn）的歐娑（Ossau）山谷，以及巴斯克（Pays Basque）的伊哈堤（Iraty）森林。此地位於法國與瑞士的邊境，長久以來擁有自己的獨特放牧文化。

在饒富生的山毛櫸林山谷中，馬內許綿羊（Ewes-Manech）和巴斯科·貝荷內茲綿羊（Basco-Béarnaise）恣意生長其中，充滿野性且體格健壯，產出的乳品樸實醇厚。AOC 認證規定，必須採用這個兩個品種的放牧羊奶，才有資格稱之為「歐娑伊拉堤」。

庇里牛斯山的優美環境，孕育著每年徜徉在坡地間的 30 萬頭綿羊，賦予產出的綿羊乳獨到的風味。因為，歐娑伊拉堤起司的香氣層次特別豐富，核果、蜂蜜、花草與水果的香氣交織變化，隨著產季而有些為差異。放在口中慢慢咀嚼，溫和的氣息緩緩釋放，彷彿徜徉在南法的微風中。

因為香氣過人，能為醃漬品提味，當地人們喜歡拿這款起司，搭配橄欖油來製作油封料理，像是油封櫻桃、油封黑醋栗。或者，以其搭配火腿做成冷盤，佐以紅葡萄酒也十分對味。

原料	產地	稱號保護	熟成時間	生產季節
綿羊乳	法國 🇫🇷	AOC / 1980 年	最少 3 個月	一年四季皆可嚐到，以秋冬品質為佳。
外觀特徵	橘黃外皮覆蓋鐵銹般的黴菌，內部為奶油黃，質地緊實。			
品嚐風味	有綿羊奶獨特的甜香，夏季帶著花草香，冬季則有水果氣息。			
享用方式	製作成油封料理，或搭配生火腿做成冷盤。			

033 皮耶丹古羅起司

Pie D' Angloys

軟質 洗皮

◆◆◆

在洗皮起司中，屬於味道溫和、清淡的一款，沒有洗皮特有的強烈氣味，很適合初入起司之門的人品嚐。隨著熟成時間增加，洗皮會逐漸變色，味道也更為濃重。

洗皮起司的入門款

超級市場所販售的起司，味道總是不夠完美，由於冷藏櫃的溫度並不是為保存起司所設計，所以經常買回家開了封，卻還沒有到最佳的熟成狀態。這個狀況在皮耶丹古羅起司上似乎不容易遇見，這款起司需要的熟成時間極短，尤其在進口一個月後左右，是最佳的賞味狀態。

皮耶丹古羅起司產於法國知名的紅酒產地勃根地地區（Burgundy），其原型最早出現於 14 世紀開打的英法戰爭，在戰爭的休止期間被製作出來的。為這款起司命名之時，約莫是正值英軍佔得優勢之際，因為其原文名字中「D' Angloys」就是英國的意思。傳說，後來法軍勢力反轉，起司還一度被改名為「Pie Francois」呢！

相較於多數的洗皮起司，雖然香味濃郁誘人，但經常伴隨著些許刺鼻的強烈異味，令起司的入門者望之卻步。然而這款洗皮起司的味道卻十分清淡，溫潤綿密的口感伴隨著柔和的香氣，相當符合現代人的味覺，可說是老少咸宜的口味。這或許是因為其以鹽水洗浸的過程中，會使用清水再清洗一遍的緣故，因此少了洗皮起司鮮明的氣味。

為了保持濕潤柔軟的口感，這款起司開封後需以鋁箔紙包裹放入密封袋加以保存。無論搭配麵包、餅乾，或佐以白酒，都是品味時的好選擇。

原料	產地	熟成時間	生產季節
牛乳	法國 ▮▮	裝盒包裝後熟成，味道隨時間變化。	一年四季

外觀特徵	圓盤狀，外觀為亮膚色，表皮有細溝。
品嚐風味	質地柔軟而不黏膩，風味溫潤綿密，口感滑順。
享用方式	可搭作為麵包抹醬，或搭配辛味白酒。

034 龐特伊維克起司

Pont I' Eveque

◆◆◆

帶著淺麥桿色的表皮，殘留著熟成時竹簾的痕跡，聞起來帶著醃漬物的氣味。切開後，香氣飽滿濃郁，乳香與果香交織洋溢，綜合了強烈的氣息。搭配波爾多或勃根地紅酒的紅酒品嚐，滋味最為完美！

歷史最悠久的洗皮起司

龐特伊維克起司產於諾曼第大區的同名小鎮，鄰近巴黎人熱愛的海灘度假勝地多維爾（Deauville），氣候舒適宜人。遠從 8 世紀開始，多維爾周邊一帶便盛產起司，統稱為「安傑羅」（Angelo），而龐特伊維克小鎮所產的起司，也是其中之一。在 12 世紀的諾曼第史詩中，甚至還有歌頌安傑羅起司的記載。現在一般提到龐特伊維克，多半將其出現年代追溯到 1230 年，可說擁有相當悠久的歷史。

在多維爾周邊地區所產的起司中，龐特伊維克的起司風味獨樹一格，大約在 15 世紀左右，甚至被公認為整個法蘭西王國最美味的奶酪。到了 17 世紀末，這款起司有了自己的名字，定名為龐特伊維克。19 世紀時，得力於鐵路的發達，得以在 6 小時內就運送至巴黎，登上中央市場的攤位販售，風靡無數巴黎人。

過去，這款起司給人的印象，是表皮堅硬而氣味強烈，儘管擁有不少忠實愛好者，但也不少人退避三舍。隨著時代的演進與人們口味的改變，龐特伊維克的味道也有些許調整。二次大戰之後，它的風味已經逐漸變得溫潤柔和，即便不是深度的起司愛好者，也能夠接受與喜愛。

原料	產地	稱號保護	熟成時間	生產季節
牛乳	法國	AOC／1972 年	最少 14 天	一年四季皆產，5～11 月產出最佳。

外觀特徵	表皮薄，呈顯淡淡麥桿色，裡頭是淡黃色的柔軟內芯。
品嚐風味	香氣強烈，刺鼻中飄著果香與乳香。
享用方式	去除不可食用的外皮，搭配水果或酒類皆宜。

035 普利尼聖皮耶起司 軟質 白黴
Pouligny-Saint-Pierre

◆◆◆

生產於法國貝里（Berry），外型呈現金字塔狀的山羊起司，具有柔軟且皺摺的表皮，內芯香濃如奶油，散發著稻草般的清香。

起司中的巴黎鐵塔

普利尼聖皮耶起司，自18世紀以來就在一個名為貝里（Berry）的市鎮里生產。此處位於法國中央大區的安德爾省（Indre），為十字軍東征著名騎士鮑德溫·喬德隆（Baldwin Chauderon）及作家喬治·桑德（George Sand），有著豐厚的歷史與文化底蘊。這款起司，也是法國最古老的山羊起司之一。

普利尼聖皮耶是羅亞爾河谷（Vallée de la Loire）山羊起司的經典代表。很難想像，這樣一款享譽國際的起司，每年銷售量達300萬噸，數百年來僅在一個由22個公社組成的小小區域內，進行生產。其以未經巴氏殺菌的乳品為原料，將凝結的乳汁整個放入帶有孔的模具中，排乾乳清，然後於通風良好的地窖乾燥熟成，至少2周，以5周為最佳狀態。儘管農舍製造商在春季和秋季之間進行生產，但現在全年都在生產。

起司的外型很獨特，金棕色的椎體，像是個金字塔，常被暱稱為「埃菲爾鐵塔」或「金字塔」。其內芯是果凍一般的質地，光滑易碎，混合了酸味和鹹味，以及羊乳的香甜，帶著些許陳年乾草的氣味。

市場上，這款起司有兩種不同的標籤，綠色來自農場，紅色則來自工廠。挑選購買時，不妨多注意一下！

原料	產地	稱號保護	熟成時間	生產季節
山羊乳	法國 ▮▮	AOC / 1972年	2～5周	過去在春秋之間製作，現在則一年四季皆可生產。

外觀特徵	金棕色的金字塔狀，外皮覆蓋著白色黴菌。
品嚐風味	柔軟易碎，香氣強烈，酸味、鹹味與甜味均衡呈現。
享用方式	可搭配白葡萄酒食用。

036 瑞布羅申起司
Reblochon de Savoie

◆◆◆

採用第二次榨取，而非第一次榨取的牛乳製成。在淡橘色的表皮之下，是細膩如幕斯的內芯，儘管氣味辛辣強烈，然而口感卻十分溫潤。

農民的生活智慧

「瑞布羅申」（Reblochon）有再次榨取的意思，其所使用的原料是第二次榨取的牛乳，因而得名。13 世紀時，有著僧侶或貴族身分的地主，經常以榨取的牛奶租金，把地出租給農民。他們根據酪農一天生產的牛奶罐數計算，統計後以每年收取一次。久而久之，農民習慣不將乳牛一次榨取完畢，經常會有所保留，等到檢查員離開，才進行第二次擠奶。而瑞布羅森起司，便是以第二次榨出的乳汁，所製成的起司。

第二次擠出的牛乳奶油含量更為豐富，這使得瑞布羅申的風味格外柔軟濃郁，散發著獨特的起司魅力。其淡橘色表皮散發的強烈的氣味，不僅有明顯的發酵氣息，而且帶著辛辣感，若你不敢吃氣味太重的乳酪，可以把表皮先去掉，單純享受內芯的滑嫩與香濃。當起司化於唇齒間，會逐漸散發水果般的自然甜味，且漸漸轉變為堅果的尾韻，有些時候更能感受到阿爾卑斯山的花草氣息。

產地薩伏伊地區（Savoie）是阿爾卑斯山區的滑雪勝地。將馬鈴薯、培根與洋蔥混合，以瑞布羅申起司進行焗烤，製成在地特有的馬鈴薯餅（Tartiflette），是滑雪客們到訪時用來補充體力的聖品。下次有機會買到這款起司，不妨也試試這道道地的法國鄉村菜餚。

原料	產地	稱號保護	熟成時間	生產季節
牛乳	法國 🇫🇷	AOC / 1958 年	至少 15 天	從初夏至初冬，尤以 9 月最為美味。

外觀特徵	半硬質的圓盤，淡橘色表皮。
品嚐風味	外皮香氣強烈，內芯溫潤如卡士達醬，柔軟而濃郁，鹹味偏淡。
享用方式	以內芯搭配鄉村麵包，佐以生火腿跟黃瓜。

037 羅卡馬杜起司
Rocamadour

◆◆◆

佈滿白色粉末的纖薄表皮下，是洋溢著濃郁乳香的濕潤質地。只消短短幾秒，馥郁氣息就會隨著輕柔質地化在口中，口齒生香。

天空之城的特產

　　位於法國西南洛特省（Lot），羅卡馬杜（Rocamadour）這個小山城雖然人口不滿一千，卻是個遠近馳名的朝聖地。它不僅屬於天主教聖雅各之路的一部分，聳立在石灰峭壁的雄偉結構，更是聯合國教科文組織認定的世界文化遺產。每年，都有無數的朝聖者與旅客來到這裡，他們稱此為「天空之城」。

　　以這個城市為名的羅卡馬杜起司，是在地盛產的山羊起司。每年，在羅卡馬杜、格拉馬（Gramat）、卡爾呂塞（Carlucet）之間的三角地帶，會約莫產出 500 頓的量。其必須採生乳為原料，使用少量凝乳酶，經過 20 小時的緩慢凝結，最後等候約莫 10-15 天的熟成，才告完成。

　　早些年，產於此地的山羊起司，被以「卡貝可起司」（Cabecous）或「卡貝可羅卡馬杜起司」（Cabecous Rocamadour）稱呼，其中「卡貝可」就是源自於法國古語中的「小山羊」之意。後來，在經過法國原產區名稱管制（AOC）的認證之後，統一定名為羅卡馬杜起司。

　　這款起司質地輕柔，山羊乳的豐富性，滋潤了味覺的層次，不僅帶著濃郁的奶香，更聞得到榛果的氣息，嚐起來十分高雅，是聖城知名的代表性食物。它的美好滋味，撫慰了無數旅人與信徒的心。

原料	產地	稱號保護	熟成時間	生產季節
山羊乳	法國	AOC / 1996 年	10 天	春天至秋天，熟成 2 周後品嚐最佳。

外觀特徵	表皮薄，被白色粉末包覆。乳白內芯，質地濕潤柔軟。
品嚐風味	濃郁奶香，若熟成時間長，會產生辛辣味。
享用方式	可搭配水果，或佐以紅酒。

038 羅克福起司
Roquefort

藍黴　羊乳

◆◆◆

羅克福起司是世界三大藍黴起司（The Big Three）之一。白色質地中摻著藍色與青色，強勁的鹹辣味道中，具有奢華的藍黴香氣，最適合用來搭配甜味的食物。

起司中的王者

羅克福起司擁有超過兩千年的歷史，被認為是法國最古老的起司之一。它與義大利的古岡左拉起司（Gorgonzola）、英國的斯蒂爾頓起司（Stilton）〔單元 093〕並列為世界三大藍黴起司，以獨特的鹹辣風味與奢華羊奶香搏得「起司之王」的美譽。其無可比擬的滋味，是信仰起司的美食朝聖者，絕對必嚐的經典。

它的起源，有著一個浪漫的傳說。年輕的牧羊人對少女一見鍾情，拋下暫放置於洞穴中剛擠好的羊奶，追隨著美麗的倩影而行，一去就是好幾天。沒有追到女子的牧羊人後來滿懷惆悵地回到洞穴，卻發現羊乳都已經發霉。飢餓萬分的他，剝了一塊凝乳來吃，卻發現異常的美味。就這樣，羅克福起司誕生了。

1925 年，羅克福起司成為法國第一批受到 AOC 認證的起司。其採用未經巴氏殺菌的生綿羊奶製作，存放在潮濕而獨特的山洞中發酵，熟成期至少 3 個月。這款起司外皮可以食用，內裡的乳酪團顏色偏白、脆而濕潤，有著獨特藍綠色紋路，散發著牛奶、堅果和葡萄乾的辛辣香氣。當強烈的氣味與甜味食物結合，能發揮絕佳的襯托效果。

羅克福起司很適合在餐後享用，搭配一杯甜味的酒品，最能為一頓美食畫上精采的句點！

原料	產地	稱號保護	熟成時間	生產季節
羊乳	法國 ▮▮	AOC / 1925 年	至少 3 個月	一年四季

外觀特徵	白色質地中摻著藍色，遍佈著青綠色黴菌。
品嚐風味	鮮明的鹹辣中，透著羊乳的香甜。
享用方式	用於肉類或沙拉的提味。

039 路可隆起司

Rouchoulons

〔軟質〕〔洗皮〕〔白黴〕

路可隆起司的外觀風味，與卡門貝爾起司相當類似。白色的表皮之下，是質地綿密細緻、氣味芬芳的內芯，嚐得到洗皮起司的獨特風味，而不會過於強烈。

清淡順口的洗皮風味

產於法國的法蘭琪－康堤地區（Franche-Comté），在洗皮起司之中屬於氣味較為清淡的一款。雖然依舊有著洗皮獨特的風味，但是為一般人可以接受的範圍，起司的入門者也可以品嚐。微鹹的基調之中，流露著牛乳天然的甘甜與醇厚，是一款闔家皆宜的日常滋味。

這款起司的風味，與卡門貝爾起司（Camembert）〔單元013〕的味道與口感很相近，滑順濃郁的香氣中，流露著奶油與大地的氣息。它採用經過巴氏殺菌或未經巴氏殺菌的牛奶，經過2至3周的熟成而製成。小圓盤的外型，褐色表皮被一層薄薄的白色黴菌所覆蓋，隨著熟成的時間越長，表皮的顏色逐漸變深，味道也變得更加強烈。許多人，對於路可隆起司的印象是辛辣而強烈的風味，就是因為如此。

那麼，怎樣判斷路可隆起司的最佳品味時期呢？從正中央往下輕壓，由指腹感受起司的狀況，若感覺其柔軟且具有些許彈性，就是送入五臟廟的最佳時機。如果外皮顏色過深，就表示熟成已經很久，洗皮已有濃厚的味道。

柔滑內芯，最適合搭配空隙較小、質地細緻的麵包，像是土司或軟法。或者，挑選一杯果香洋溢的葡萄酒，也是品味路可隆起司的好搭檔。

原料	產地	熟成時間	生產季節
牛乳	法國 🇫🇷	2～3周	一年四季
外觀特徵	淡褐色表皮蓋著薄薄的白色酵母，頗似白黴起司。		
品嚐風味	綿密口感中，內斂地透著洗皮獨有的香氣。		
享用方式	塗於脆餅或用於焗烤。		

040 聖安德起司
Saint-Andre

軟質　白黴

◆◆◆

產自諾曼第地區的白黴軟質乳酪，是一款具有三重奶油的軟熟起司，有著天鵝絨般的絲滑質感，十分溫潤好入口。因為外表有如雲朵般輕柔潔白，又被稱為「天堂起司」。

來自天堂的味道

聖安德起司（Saint Andre）是一款產於法國西部的三重奶油起司，其脂肪含量高達 75%。由於製作的過程中，採用了重奶油來增強風味，所以它的質地格外濃郁、圓潤與細緻，蘊含著過人的香氣。雲朵白的柔軟外皮裡，內芯更為細緻柔軟，溫潤的質地入口即化，那輕盈卻不凡的口感，令人宛如漂浮在天上。因此，這款起司又被人們稱為「天堂的起司」。

這美妙的滋味，有著產地獨有的風情，是大自然的恩賜。諾曼底地區四季如春的和煦氣候，讓生活在此地的乳牛，一年中大部分的時間，都可以在戶外悠閒地吃上最新鮮的牧草，產出的牛乳品質極佳，製作出的起司更是帶著青草芬芳。切一片起司，任其在你的舌頭上融化，彷彿都能感受到綠茵草地拂過的微風與暖陽。法國鄉村的慵懶風情，透過聖安德的滋味，幾乎可以在味蕾上具象化。

聖安德起司絲絨般的外皮是可以食用的，濃濃的奶香讓甜味、酸味與鹹味完美地融合在一起，柔滑順口而不顯單調，味覺層次豐富。直接淋上甜味的果醬或蜂蜜、搭配鹹味的麵包跟餅乾、為三明治或沙拉提味、做成料理或甜點、搭配啤酒或咖啡，可說是非常的百搭。

原料	產地	熟成時間	生產季節
牛乳	法國 🇫🇷	3～4 周	一年四季

外觀特徵	表面覆蓋著棉花糖般輕柔的白黴，彷彿飄著雲朵的天堂。
品嚐風味	酸甜溫和，如濃郁奶油般的柔滑質感，入口即化。
享用方式	食用前在室溫下回溫半小時，白色外皮可以食用或剝除。

041 聖莫爾德國蘭起司

Sainte-Maure de Touraine

`軟質` `羊乳`

◆◆◆

聖莫爾德國蘭起司以全脂山羊乳為主要原料，白色的表面灑滿了木灰，外表極好辨認。其風味濃郁，帶著淡淡的檸檬果味與堅果香氣，偶爾透著些許羊騷味，且放置時間越長會越明顯。

最具代表性的山羊起司

山羊起司據說開始於西元 8 世紀，當時被稱為「薩拉森人」（Saracen）的阿拉伯人，將其傳入法國中部羅亞爾河（Loire）流域。而聖莫爾德國蘭起司，依據的就是當時製作起司的方式，可說是相當的古老的口味，所以被認為是最具代表性的山羊起司。

這款起司的外面特色鮮明，其外表灑滿了木炭粉，而正中央插著一根麥稈。木炭粉會自然引來黴菌繁殖，當表皮的顏色從黑色轉成灰色，就是最佳的食用時機；而麥桿主要是為了支撐固定，避免柔軟的起司本體，在運送的過程中因為擠壓而變形。1990 年獲得 AOC 認證之後，便統一規定在包裝時一定要在正中央插入麥管，並且在麥稈上註明生產者編號。

雖然聖莫爾德國蘭起司所需的最少熟成時間只要 10 天，之後隨著時間的增長，其風味會從優格般的酸甜，逐漸孕育出更厚實成熟的羊奶香。食用前，首先得拔掉中央的麥桿，不過，當熟成時間越久，含水量變少，就會越發難以拔出，那就只能直接切分了。傳統上，人們會從較細的一端開始食用，吃到最後較粗的那端需留下約一公分左右的長度。

原料	產地	稱號保護	熟成時間	生產季節
山羊乳	法國	AOC / 1990 年	最少 10 天	一年四季
外觀特徵	棒狀，表面灑滿木炭粉，中心插著一支麥稈，看起來很像雪糕。			
品嚐風味	熟成時間較短，風味類似優格；熟成時間增長，山羊乳香氣漸增。			
享用方式	可搭配麵包、番茄、沙拉或湯做料理，與清淡的水果酒很搭。			

聖馬賽蘭起司
Saint-Marcellin

◆◆◆

使用未經巴氏殺菌的牛乳製成，質地柔軟，所以經常放於容器中出售。熟成後的聖馬賽蘭起司，香味豐醇濃郁，帶有堅果氣息。

絲綢般的輕柔滋味

聖馬賽蘭（Saint-Marcellin）是位於法國伊澤爾省（Isère）的小城鎮，而聖馬塞蘭起司自然便是源自此地。在 13 世紀以前，這款起司是以山羊乳製成的，再經過熟成使其變硬；現在，人們以牛奶來製作，並灑上一層白酵母，熟成時間變短了，質地也更加柔軟。

民間傳說，15 世紀法國國王路易十一（Louis XI）曾經享用過這款起司。20 世紀後半，里昂的一位起司商人將這款起司改良，研發出深受大家喜愛的經典配方，遂成了現在絲綢般輕柔光滑、入口即化的聖馬賽蘭起司。而且，因為起司的質地太過柔軟了，幾乎無法直接拿起，通常會放在容器中販售。

甫經熟成的起司，有著米色的外殼，質地有如卡士達醬（custard cream），近似於濃稠綿密的流質，甜味、鹹味與酸味，搭配著核果與牛奶的香氣，達到完美的均衡，質樸的氣息中帶有一點酵母的味道。若在最佳賞味期間沒有食用，則顏色會逐漸加深，變成黃色。

在法國，這款起司經常被拿來作為抹醬使用。薄餅或麵包烤得微焦，抹上薄薄一層的聖馬塞蘭，起司化入輕脆表面，在口腔中隨著熱氣散開，是難以抗拒的絕妙口感。

原料	產地	稱號保護	熟成時間	生產季節
牛乳	法國 ▮▮	IGP / 2013 年	21 天以上	一年四季，春天至秋天產出最佳。

外觀特徵	小巧圓盤狀，內部柔軟，近似卡士達。
品嚐風味	甜、酸、鹹味均衡呈現，後味清爽不膩。
享用方式	搭配脆餅或烤麵包。

043 聖內克泰爾起司

Saint-Nectaire

半硬質

採亞維儂（Auvergne）地區謝爾（Salers）乳牛所產的乳品為原料。火山高地的肥沃土壤，賦予牛乳濃厚馥郁的質地，創造出簡樸卻強勁的起司風味。

太陽王認可的質樸風味

聖內克泰爾起司產自法國中部亞維儂地區。此處為火山地質的高地，富含礦物質的土壤十分肥沃，牧草長得又高又好。放牧在這兒的謝爾乳牛，恣意地在草原上覓食、生長，產出的牛乳品質格外出色。因此，聖內克泰爾起司雖然沒有特別的製程或調味，質樸的風味卻有著迷人的韻味，被認為是世界最出色的起司之一！

農家依古法所製的聖內克泰爾，採用未經巴氏殺菌的新鮮牛乳，只要乳汁一被擠出，立即加入凝乳酶使其凝固，再以金屬琴弦切割疏鬆。被切成麥粒般大小的凝乳碎片，再被置於模具中去除乳清。成型後的起司，會被放在麥稈上進行熟成，時間約達 4 至 6 周，創造出麥稈特有的黴菌香氣。

這種來自高山農家的簡樸起司，風味濃厚強勁，在市場上獨樹一格，莫說無數行家為之傾倒，就連以奢華知名的太陽王路易十四，都十分喜愛。17 世紀時，在地農民便以傳統方法製作獻給宮廷，不僅成為國王餐桌上的佳餚，更從此聲名大噪，成為家喻戶曉的佐餐起司。

越是簡單，越是百搭，聖內克泰爾起司的應用與搭配十分廣泛。不過，別太複雜，更能品嚐出其中質樸動人的滋味。不妨把它抹在簡單的麵包上，稍微加熱，再細細品味簡單的美好。

原料	產地	稱號保護	熟成時間	生產季節
牛乳	法國 ▌▌	AOC / 1955 年	至少 21 天，熟成 4～6 周的產品最受歡迎。	一年四季，夏至秋天最當令。

外觀特徵	表皮薄，覆蓋著白、黃、紅色的黴菌，內部有小氣孔，質地有彈性。
品嚐風味	老醬菜的酸味中，透著花生的澀味與香氣。
享用方式	置於鄉村麵包上，稍微加熱後品嚐。

044 薩爾多姆起司

Tomme de Savoice

半硬質　白黴

◆◆◆

薩爾多姆有著堅硬質樸的外殼，灰褐色的表皮佈滿了白色黴菌，內裡分不著大小不規則的乳酪眼，淡淡的鹹味中透著柑橘、香草、堅果的氣息，口感柔和溫暖。

清爽鹹香不膩口

多姆起司（Tomme）產於法國阿爾卑斯山區及瑞士，以其生產村莊所在地命名，而薩爾多姆（Tomme de Savoice）即是由法國西北部薩爾地區（Savoice）製造的多姆起司。此地屬於高山地帶，境內冷杉樹林立，不只氣候寒冷，土壤也不夠肥沃。農家將製作奶油的成份抽取出來後，才將利用剩餘的脫脂乳製成薩爾多姆起司，因此它的脂肪含量較低，只有 20% 到 40%。

因為屬於乳脂含量較低的起司，這款起司的風味偏向清爽，淡淡的鹹香隨著咀嚼，擴散在齒頰之間，並不會膩口。此外，取決於乳牛吃的是冬季的乾草還是夏天新鮮的綠草，薩爾多姆的味道一年四季都在變化，每次品嚐都會感到滋味略有不同。一般而言，人們偏愛初夏至初冬這段期間出產的起司。

這款起司於 1996 年獲得 IGP（Indicazione Geografica Protetta）[2]認證，這是歐盟為了確保食品原產地特殊性及傳統製作方法而設立的機制。獲得此項殊榮之產品，至少有一項生產階段必須在原產地並遵守歐盟的規定。購買食用時，記得認明此項標章，才是正統的薩爾多姆起司！

---

[2] 地理標誌保護（Indicazione Geografica Protetta），簡稱 IGP。

原料	產地	稱號保護	熟成時間	生產季節
牛乳	法國 ■ ■	IGP / 1996 年	3 至 4 個月以上	一年四季，初夏至初冬產出尤為美味。

外觀特徵	灰褐表皮，佈滿白色黴菌，內部為淡黃色，有氣孔。
品嚐風味	清爽的鹹香，彈性飽滿。
享用方式	當零嘴點心單吃，或搭配麵包、水果、葡萄酒來食用。

045 瓦朗賽起司

Valencary

軟質 羊乳 白黴

◆◆◆

產自著名的起司之鄉法國貝里（Berry），名稱來自同名的小鎮，因為以山羊乳為主要原料，所以聞得到淡淡的羊奶香氣。其不僅有著淡雅舒適的酸味，也嚐得到鮮明的甜味，能和蔬果混搭出均衡的好味道。

少了尖頂的金字塔

瓦朗賽起司的名稱，來自拿破崙時代的瓦朗賽城。據說，這款起司過去是完整的金字塔形狀，但因為拿破崙遠征埃及失敗後，在造訪瓦朗賽城之際，看到這款起司想起了自己失敗的戰役，不由得一肚子火，於是下令把起司的頂端給削平，不准它再是金字塔的形狀。被拿破崙砍了頭的形狀，一直延續到今日，瓦朗賽起司就成了大家習以為常的四角柱形了。

光看是從外表來看，這款起司看起來實在不太美味，灰黑色的木炭粉包裹在表面，混著生成的白黴，還有些皺皺的。但只要你切開它，撲鼻而來的果香與奶香，以及柔滑軟嫩的乳白內芯，著實令人為之臣服。其實，表面的木炭粉不僅可以防蟲，還能促進黴菌繁殖，讓起司脫水與熟成的狀況更完美。它所需的熟成時間極短，隨著熟成的時間越久，表面的黑色就會與覆蓋表面的白色黴菌調和，成為灰色。在這個漸進的過程中，起司本身所含有的酸味，會逐漸轉變成濃郁的甜味。

一年四季都有瓦朗賽起司的生產，每年 4 月～ 8 月之間是盛產時期，所產的成品也格外美味。如果你鍾愛起司的酸味，購買時記得挑選熟成時間較短的品項，如果你喜歡的是濃郁奶香，請挑選熟成時間較長的購買。

原料	產地	稱號保護	熟成時間	生產季節
山羊乳	法國 🇫🇷	AOC / 1998 年	最少 7 天	一年四季，尤以春天至秋天間出產的最美味。
外觀特徵	像少了頂端的金字塔，表面覆蓋著木炭粉與自然生成的黴菌。			
品嚐風味	質地柔軟濕潤，帶著柑桔般清爽的酸味。			
享用方式	可搭配果乾、沙拉或麵包一同食用。			

046 康門左拉起司
Cambozola

藍黴　白黴

◆◆◆

結合了卡門貝爾起司以及義大利古岡左拉的風味，這款獨特的藍黴乳酪，現由一間德國大型公司擁有製造專利。其原文名稱便是前述兩款起司的結合。

混血的起司風味

康門左拉起司由是德國知名乳酪品牌香並濃（Champignon）旗下的招牌產品。把它的原文拆開，其命名其實是擷取法國卡門貝爾（Camembert）〔單元013〕和義大利古岡左拉（Gorgonzola）〔單元057〕兩款起司的部分結合而成。沒錯！它結合了白黴和藍黴兩款起司的特色，是道道地地的起司混血兒。

如何將白黴與藍黴同時運用在起司中？製作時，首先將藍黴菌加入凝乳中，再裝填入模，最後灑上白黴菌，靜待其熟成。它採用了雙倍乳脂量的布利起司（Brie）凝乳，因此完成後乳香濃厚，口感細緻而滑順。這溫潤的口感，有效地綜合了藍黴起司獨特的辛辣，使其不那麼刺激，味道更為內斂，很適合藍黴起司的初階者品嚐。在許多英語系國家，它又被稱為布利藍黴起司（Bride Blue）。

因為結合了兩款起司的特點，可以讓風味發揮得更有層次、更完整，康門左拉起司總是能巧妙地成為料理或甜點的亮點。光是一片手工餅乾或麵包，在簡單地將起司切片放在上頭，如此簡單的組合就能展現滋味的風情萬種。或者，配上帶著酸味的水果食用，如葡萄或柳橙切片，都是極為新鮮的美味體驗，搭配德國特有的黑麥啤酒也很契合喔！

原料	產地	生產季節
牛乳	德國 ▬	一年四季

外觀特徵	圓盤型，薄薄的表皮上，覆蓋著白色的黴菌，內部則分布著少量的藍黴菌。
品嚐風味	綿密滑順的口感中，帶著些許藍黴菌的辛辣作為點綴，均衡而鮮活。
享用方式	搭配麵包或餅乾，簡單調理就很美味！

047 林堡起司
Limburger

半硬質 洗皮

林堡起司是臭起司的經典代表，出自中世紀比利時修道院的手筆，其強烈氣味是洗浸時，亞麻短桿菌產生的結果。嚐起來味道相對溫和，但仍帶著些許土氣。

臭名昭彰的香氣

但凡提到林堡起司，首先讓人聯想的，便是那媲美腳臭的香氣。在一項關於非洲甘比亞瘧蚊的研究中，發現這款起司的氣味和人的腳臭十分相近，甚至連蚊子都搞不清楚，以為是人的味道而接近。這是因為，發酵林堡起司的亞麻短桿菌（Brevibacterium linens），就是在人體皮膚上形成體臭的細菌，也是形成腳臭的原因之一。也就是說，起司的味道與腳臭，都是出自同一款細菌！

林堡起司最初產自比利時林伯格地區（Limburger），因為銷售量大，20 世紀後期開始，多數在德國製作，並採用產地鮮奶。其外型為小長條狀，有著橙色的外皮和奶油色的起司肉，是典型的洗浸起司。它的強烈氣味主要來自外皮，至於內芯的部分則香味濃郁，有如奶油一般。因此，儘管它從市場上買回來時總是臭氣沖天，吃起來卻有不同的滋味。

20 世紀初，林堡漢堡或林堡三明治因其價格實惠和營養豐富的特性，是工人午餐的最愛選擇。在黑麥麵包上灑上厚厚一層切成碎片的起司，再搭配些洋蔥、冷肉或香腸，外加一杯啤酒，輕輕鬆鬆就能打發掉一頓飯。現在，隨著瑞士及德國的移民，這種三明治還能在美國威斯康辛州及俄亥俄州看到。

原料	產地	熟成時間	生產季節
牛乳	德國 ■	3 個月	一年四季

外觀特徵	小長條狀，帶粘性的橙色外皮和奶油色的內裡。
品嚐風味	奶油質地，香味濃郁，帶著強烈的臭味，有農地氣息。
享用方式	和傳統德國麵包一起上桌，再搭配蘋果酒或啤酒。

048 菲塔起司
Feta PDO

軟質　羊乳

◆◆◆

菲塔起司是希臘一日三餐都會用的食材，沙拉、三明治、酥皮點心、波菜派等等，都有它的身影。加熱後不會完全融化的它，為無數菜餚增添輕盈感。

希臘神祇的恩典

希臘神話裡，眾神派遣阿波羅（Apollo）的兒子，來教導製作起司的技巧。西元 8 世紀荷馬（Holmer）的奧德賽（Odyssey），荷馬寫他看到獨眼巨人（Cyclops）在洞穴裡製作綿羊奶起司的經過，這是第一份關於起司製作的紀錄。這簡單的配方，成了流傳至今的菲塔起司。

菲塔起司在 2002 年獲得歐盟保護的 PDO 認證，只能是採用綿羊乳、山羊乳或兩者混合製成的，並且產區限定在馬其頓（Macedonia）、色雷斯（Thrace）、埃佩魯斯（Epirus）、塞薩利（Thessaly）、希臘中部（Sterea Ellada）、伯羅奔尼撒半島（Peloponnesus）和米蒂利尼（Mytilini）等地的山區。這些地區中的羊群，可以自由啃食野草，山區的天然植物沒有農藥或殺蟲劑，百里香、馬鬱蘭和松樹的香氣沁入羊乳中，濃郁香味獨步全球。

在希臘，菲塔起司是日常飲食中不可或缺的一部份，各式希臘菜餚中都可以看到。它沒有外殼，白而密實，散佈著小洞眼和裂紋，相當易碎，口感如奶油般的細膩，鹽味很足，帶著香草風味。食用時，若將其浸在冷水或鮮奶裡約 10 分鐘，可以去除多餘的鹽分。

原料	產地	稱號保護	熟成時間	生產季節
山羊乳或綿羊乳	希臘	PDO / 2002 年	2～3 個月	一年四季
外觀特徵	無外皮、帶有無數小洞孔。			
品嚐風味	含有野生香草、白酒的氣息，略帶刺激味。			
享用方式	可用於多數的希臘菜餚，也可以加入沙拉之中。			

049 杜拉斯起司
Durrus

半硬質　洗皮

◆◆◆

杜拉斯起司是一種圓形的半硬質起司，以豐富的香氣見長。它的氣味取決於熟成時間，隨著年齡的增長，味道也會越來越具有層次。

用新思維做老滋味

位於愛爾蘭西南方，杜拉斯（Durrus）是一個歷史悠久的山谷小鎮。17世紀的建築遺跡，至今仍屹立在此地，展示著此處悠久的歷史與文化。1970年代初期，傑芙‧吉爾（Jeffa Gill）來到這兒，於村落的上方山坡地買了一處小農場，落腳興建農舍，從事種植與畜養。

傑芙‧吉爾，這位出身農業家庭的女子，曾在倫敦和都柏林學習並從事時裝設計工作，是深具創造力與開拓精神的新女性。她與朋友一同研發，開啟了創作起司之路。這款名為杜拉斯的起司是她的作品，在1980年中期受到肯定，逐漸打響了名號。

其堅持採用古老的手工方法生產奶酪，以瑞士起司所用的豎琴方式，在傳統的鑲銅起司桶中切割凝乳。在鹽水中輕柔洗滌並翻轉擦拭，使起司表皮充分地吸收了鹽分，並呈現出斑駁的粉紅色澤。經過3周以上的熟成後，起司散發層次豐富的香氣，花果與青草交織，演繹著山谷豐富的生命力。

因為在烹飪時的融化狀態極佳，此款起司是做料理的上選材料，很適合運用於蛋糕、通心粉、烤餡餅及火鍋等菜餚中。一種名為「融化的杜拉斯」（Durrus Melt）的起司火鍋，就是愛爾蘭相當受歡迎的經典現代料理。

原料	產地	熟成時間	生產季節
牛乳	愛爾蘭	3～8周	一年四季
外觀特徵	圓餅狀，帶著橘色調的洗浸外皮，內部為奶黃色，帶著小氣孔。		
品嚐風味	質地平滑綿密，帶著青草香與果香，口感豐富。		
享用方式	用來製作成起司鍋，是經典的愛爾蘭料理。		

050 愛爾蘭波特起司
Irish Porter

半硬質

◆◆◆

採用經過巴氏殺菌的草飼牛乳，揉合愛爾蘭著名的黑啤酒波特酒，並
以巧克力色的封蠟包覆，創造出這款有著美麗大理石紋的美味起司。

黑啤酒與切達起司的奇妙組合

　　愛爾蘭波特起司的源起，最早可追溯至 1957 年。愛爾蘭的知名乳酪
家族卡希爾（The Cahill family），後來將傳承三代的獨特滋味，於 1991
年開發販售。其採用家庭農場的巴氏殺菌牛乳，將濾除乳清並切碎的凝
乳，加入愛爾蘭知名的黑啤酒「波特酒」揉合。每一輪起司都需要用到整
整 1 品脫（pint），也就是約莫 20 盎司（ounce）的啤酒，全程以傳統手
工製作，最後以巧克力色的封蠟包覆。

　　完成後的起司，因為浸染過黑啤酒，形成了美麗的大理石紋，宛如馬
賽克磁磚一般，識別度非常高。在啤酒的調味之下，這款起司水份含量比
一般起司更高，咀嚼起來口感黏稠而具有彈性，濃郁的奶香融口性極佳，
伴隨著咀嚼逐漸充盈口腔，越吃越能感受到來自啤酒的獨特麥香，尾韻充
足，齒頰留香。

　　作為愛爾蘭歷史最悠久的起司名門之一，卡希爾家族所有起司都是採
用百分百純天然的本地原料，遵循世代傳承的古法，以手工製作生產，少
量發售。所以這款起司，深得世界美食界的認可，更獲得許多評鑑獎項。

　　奢華的外貌，搭配成熟的口感，讓愛爾蘭波特起司總能在起司切盤或
沙拉上獨樹一幟，搶盡風采。也可以搭配啤酒或咖啡，一塊品嚐！

原料	產地	熟成時間	生產季節
牛乳	愛爾蘭	9 個月	一年四季
外觀特徵	黑啤酒浸染的痕跡，美麗的大理石紋。		
品嚐風味	黏稠的口感，帶著濃郁的奶香，透著黑啤酒的韻味。		
享用方式	切成薄片為沙拉佐味，或冰鎮後跟啤酒一起享用。		

051 阿夏戈起司

Asiago

半硬質

目前的阿夏戈起司共有「阿夏戈達雷瓦」（Asiago d' Allevo）和「阿夏戈普雷沙多」（Asiago Pressato）兩種類型，製造方法與風味各不相同。是柔和味與熟成味的美味對決！

新舊風味的對決

　　起司，作為一種貼近土地與生活的飲食文化，口味、名稱與形狀往往隨著時代改變，而流傳下來。而演變出兩種迥異口味的阿夏戈起司，便是最佳的代表。這款起司的故鄉在威尼斯北部，1000 公尺高山山腳下的阿夏戈村。這兒所產的起司，原本以綿羊乳為原料，被稱作「維琴察的佩科里諾起司」（Vicenza Pecorino），但自從阿夏戈高原開始飼養牛隻之後，牛乳就成了起司主要的原料了。

　　在過去的印象中，但凡說到阿夏戈起司，指的往往是需要數月慢工熟成的起司。但是，隨著現代起司工業的興起，短時間熟成的起司價格低廉、風味清淡而更適合一般家庭日常食用，所以漸漸受到歡迎。漸漸的，阿夏戈起司就出現了傳統與現代的兩種類型。

　　稱作「阿夏戈達雷瓦」的是傳統的熟成型，屬於正宗的原始風格，其風味濃郁深邃，咀嚼越久越能嚐到鮮醇甘甜；稱作「阿夏戈普雷沙多」的是現代的風格，熟成時間較短，以酸甜為主調，香氣很淡，可以自在地運用於各種料理中。

　　令人意外的是，柔和清淡的阿夏戈，格外契合現代人的飲食習慣。儘管傳統型的阿夏戈達雷瓦名聲響亮，但新型的阿夏戈普雷沙多擁護者甚多，人氣頗有超越前者的趨勢！

原料	產地	稱號保護	熟成時間	生產季節
牛乳（無殺菌乳）	義大利 ▇	DOC／1978 年 DOP／1996 年	20～40 天（普雷沙多）；24 個月（達雷瓦）。	一年四季。普雷沙多夏秋、達雷瓦冬春最佳。

外觀特徵	普雷沙多起司內外皆為淡奶油色，達雷瓦起司表皮為茶褐色，內部為淡黃色。
品嚐風味	普雷沙多微微酸甜，無特殊香氣；達雷瓦香氣濃厚，透著微微鮮甜。
享用方式	直接吃就非常美味，或者沾麵包粉下去烤。

052 布拉起司

Bra

軟質　可牛羊乳混合

外型為直徑 30 至 40 公分的圓盤狀，分切之後進行販售，依據不同的熟成時間，分成軟質起司與硬質起司。醇厚的味道中帶著鹹味，口感扎實而有彈性。

軟硬通吃的熱門起司

布拉起司來自位於義大利西北部皮埃蒙特大區（Piemonte）的同名城市。說起這個城市，近年來因為提倡慢食運動而聲名大噪，其宗旨之一便是「保護在這塊土地上扎根的優質產品及生產手法」。1997 年，這裡辦了一個以「起司」為主題的大型活動，此後每逢奇數年就會舉辦，而布拉起司總是堆積在會場上，是最搶眼的一款。

布拉起司的歷史悠久，約莫 14、15 世紀時便已出現，被山上貧困小村的村民製作作為儲糧，還會將完成品送給地主，作為放牧的地租。20 世紀初，港口城市熱那亞（Genova）崛起，該地市民注意到了這款美味，遂成為起司向外傳播的轉接點，使它聲名遠播。義大利全國上下，都有喜愛這味的擁戴者。

其主要以牛乳為原料，偶爾也會混入山羊或綿羊乳，因為經過脫脂的步驟，所以口味清淡。可進一步細分為軟質的「特內羅」（Troene）與硬質的「度羅」（Duro）兩種。前者，是一般人經常食用的一款，它有著適當的鹹味，氣味清淡，是任何人都會輕易愛上而不排拒的口感，能夠用於焗烤或義式玉米粥；後者帶有起司特有的辛辣感，風味十分特別，適合搭配紅酒一同品嚐。

原料	產地	稱號保護	熟成時間	生產季節
牛乳（混合山羊乳或綿羊乳也無妨）	義大利	DOC / 1982 年 DOP / 1996 年	至少 45 天（特內羅）；至少 6 個月（度羅）	一年四季，初夏至冬天風味較佳。
外觀特徵	淺茶色的外皮，淡黃色的內芯，帶少量孔洞。			
品嚐風味	風味清爽溫和，質地有彈性，偏鹹。			
享用方式	加在義大利燉飯中，品嚐起司融化的口感，或搭配沙拉一起吃。			

Stefano Guidi / Shutterstock.com

MeeDotta / Shutterstock.com

053 布拉塔起司

Burrata

新鮮　牛或水牛乳　紡絲

白白胖胖的圓球狀，乍看之下外型和莫札瑞拉十分相似，不過仔細一看倒比較像是個小袋子，裡頭盛裝的內芯洋溢著鮮奶油的香甜。切開外皮，雪白柔軟的內芯緩緩流出，濃濃醇香十分誘人。

紡絲起司的後起之秀

義大利南方的氣候溫和，偏好口味清爽的新鮮起司，又以「紡絲起司」（pasta filata）最具代表性，將凝乳置入熱水中軟化，接著雙手將凝乳反覆拉扯、延展，這動作就像紡絲，所以叫做「紡絲起司」。其中，最有名的就是莫札瑞拉，而源自於阿普利亞大區（Apulia）的布拉塔，則是近年來急起直追，深受饕客所喜愛的一款。

布拉塔乳酪的起源，至今已剩紛紜的傳說。一般多認為和 20 世紀初一位名為羅倫佐‧比安基諾（Lorenzo Bianchino）的酪農有關，他在義大利的阿爾塔穆爾賈國家公園（National Park of Alta Murgia）工作，大雪使得他困在農場裡，牛奶也沒辦法送到村落。他靈機一動，把凝乳拉伸成一個囊袋，裡頭裝進鮮奶油和莫札瑞拉凝乳碎塊，再用稻草綁起來，於是就做成了布拉塔起司。

以莫札瑞拉為基礎，布拉塔起司更製造出內外兩層的變化：外層是莫札瑞拉起司，裏頭包的內芯則多了奶油香甜的莫札瑞拉凝乳碎塊，稱為「絲翠奇亞」（stracciatella），質地細密柔軟、味道芳香四溢。「布拉塔」（Burrata）在義大利語中即有著「如同奶油一般」的意思，是一款風味濃厚且口感綿密的甜點起司。

原料	產地	稱號保護	熟成時間	生產季節
牛乳（或水牛乳）	義大利	PGI／2006 年	2～3 個月	一年四季
外觀特徵	色澤雪白，表皮有彈性，中心濕潤多汁。			
品嚐風味	有著鮮奶油的濃郁醇香，入口即化。			
享用方式	室溫下直接享用，或搭配番茄或其他當令水果，一起品嚐。			

054 卡斯泰爾尼奧起司
Castelmagno

半硬質　可牛羊乳混合

外型為 15 到 25 公分之間的圓筒,是製作費工而產量稀少的珍品。義大利人們將其視為高級起司,價格不斐。

夢幻的高山起司珍品

位於義大利西北部的皮埃蒙特區(Piemonte),三面被阿爾卑斯山山脈所包圍,自然資源十分豐富,不僅是著名的葡萄酒產區,產出的 DOP 認證起司,更達 7 種之多,被認為是起司輩出的寶庫。而卡斯泰爾尼奧起司便是此地眾多起司中,擁有最崇高地位的珍品。

生產此款起司的卡斯泰爾尼奧村(Castelmagno),位於從庫內奧(Cuneo)往西約 1 個小時車程的山上。居民們採用放牧於山上的牛隻所產之乳品為原料,在製作的過程中,特別將凝乳放在麻袋中瀝除水份,再靜置 2 天發酵。因為特殊的製作手法,使得起司風味與眾不同,辛辣與酸味交錯,加上發酵的氣息,頗類似日本傳統的熟壽司(熟れ鮨),是起司老饕心目中的夢幻逸品。

這個深山中的小城鎮,每逢冬天大雪紛飛,積雪厚重到難以生活,居民往往到平地避冬,間接地影響起司的儲存,產量日漸減少。為了挽救此項危機,其指定產地從一度開放到其他村落,允許平地工廠製造,卻造成品質低下,劣幣逐良幣,反而讓自然產生藍黴的珍品,被當成不良品。

如今的新規定,採用放牧於 1000 公尺海拔地區的牛隻,且於該地熟成至少 2 個月,則可以使用藍色標籤,若非如此則只能使用綠色標籤。

原料	產地	稱號保護	熟成時間	生產季節
牛乳(無殺菌),可牛羊乳混合	義大利	DOC / 1982 年 DOP / 1996 年	至少 2～6 個月	5～9 月製造、秋天～春天熟成,藍黴出現風味最佳。

外觀特徵	表皮很薄,為黃色至咖啡色,紅、黃、白等各色黴菌散佈。
品嚐風味	濃厚強烈,帶酸味與辛辣味。
享用方式	搭配蜂蜜或果醬,直接食用,或當成調味料,加入義大利麵或燉飯中。

055 芳提娜起司
Fontina

半硬質

◆◆◆

來自阿爾卑斯山麓的高山起司，上千年的歷史！溫和細緻的風味中，透著淡淡的甜味，因為是製作義式起司火鍋的所需食材，而被人們所熟知。

義式起司火鍋必備

生產於義大利西北方與法國及瑞士交界的阿爾卑斯山區，瓦萊達奧斯塔大區（Valle d' Aosta）的 12 座溪谷中。這款芳提娜起司的歷史非常悠久，早在 1267 年的文件中，便可以看到相關記載。1717 年，提供朝聖者住宿的大聖伯納山口（Gran San Bernardo）旅舍的帳本中，便可以看到「芳提娜起司」字眼的出現。

芳提娜是一款半硬質的中型起司，直徑約 30 至 45 公分，名稱來自附近的一個家族姓氏。其採用白朗峰山腳下所產的瓦古斯塔娜（Valdostana）牛乳製成，一年生產兩次。6 月 15 日至 9 月 29 日這段放牧期間所產的芳提娜起司，又被稱為「亞爾佩秋起司」（Arpeggio），是格外優質的珍品。

這款起司需要約 3 個月的熟成時間，現今所使用的共同熟成室，位於1148 海拔的山麓上，200 年前為銅礦採集場。此地，有彎曲連綿的隧道，深不見底，全長達 2000 公尺，約有 25 公尺作熟成室使用，約莫 6 萬個起司沈睡於此。

芳提娜因為可製作義式起司鍋而聞名。將其切碎後放入以牛乳、蛋黃、奶油及鹽巴調味的湯汁中，就是甜鹹均衡而濃郁芬芳的火鍋湯底，深具在地的鄉土風情。

原料	產地	稱號保護	熟成時間	生產季節
牛乳（無殺菌乳）	義大利 ▮▮	DOC / 1955 年 DOP / 1996 年	至少 3 個月	一年四季。夏天製作，約莫在秋冬熟成，為最佳品質。
外觀特徵	皮薄且柔軟，為紅棕色，內芯帶有濕潤感，熟成後轉硬。			
品嚐風味	柔軟緊實，入口即化，帶堅果氣息，以及蜂蜜甜味。			
享用方式	直接食用，或用於菜餚中，做成起司火鍋也不錯。			

vsweorld / Shutterstock.com

056 古岡左拉馬斯卡彭起司

Gorgonzola Mascarpone

新鮮　藍黴

◆◆◆

有著奢華大理石紋路的古岡左拉起司，與濕潤乳白的馬斯卡彭起司，兩款起司相互堆疊，不僅在視覺上充滿奢華感，辛辣與香甜融合的風味，也顯得相當均衡溫潤。

一塊起司兩種享受

藍黴起司的滋味，常讓對起司了解不深的初嚐者聞之色變、退避三尺。然而，對於熱愛各類起司的老饕們來說，藍黴起司這種帶著辛辣的強烈起司風味，才是真正殿堂級的滋味。尤其是被認為是世界三大起司之一的古岡左拉起司（Gorgonzola），含有比一般狀況更多的藍黴紋路，風味自然也更直爽強烈一些，真正是行家不可錯過的美味。

對於，想要體會古岡左拉起司這種正宗的藍黴風味，又無法接受其強烈辛鹹口感的人來說，古岡左拉馬斯卡彭起司是不錯的選擇。它將兩款義大利深具代表性的起司疊加，讓擁有大理石紋的古岡左拉起司與純乳白色的馬斯卡彭起司（Mascarpone）結合，把藍黴發酵熟成的辛辣與鹹香，與未經發酵新鮮起司的濃郁香甜互相搭配，兩種滋味在口腔中互相調和。放入口中，調和出質樸強烈，卻不失溫潤的味道，豐富的味覺層次，相當耐人尋味。

市面上，這款起司在店頭通常已經經過切分，會放在盒子裡進行販售。奢華的外觀，光看就令人食指大動，賣相極佳。它的用途十分廣泛，當成飯前開胃菜，或者飯後點心，都很不錯。初次體驗藍黴起司的你，不妨淋上蜂蜜試試看！

原料	產地	生產季節
牛乳（殺菌乳）	義大利 ▋▋	一年四季，當古岡左拉起司的藍黴轉變為青綠色時，即可食用。
外觀特徵	_ 馬斯卡彭起司的乳白色與古岡左拉起司的藍紋交錯堆疊。	
品嚐風味	_ 微甜的馬斯卡彭起司與鹹辣的古岡左拉起司，混搭出絕妙滋味。	
享用方式	_ 製作料理，或淋上蜂蜜直接作為點心。	

起司品味圖鑑

128

057 古岡左拉皮坎堤起司

Gorgonzola Piccante

藍黴

◆◆◆

濃郁滑順的質地裡，滿佈著豐富的藍黴紋路，伴隨著尖銳辛辣的風味
而來的，是明顯的甜味。濃烈的藍黴起司風情，嚐起來十分過癮。

世界上第一種藍黴起司

12 世紀誕生於義大利北部的古岡左拉起司，被認為是世界上第一種藍
黴起司，1970 年受義大利「法定產區產品保護制度（POD）」認證。其
共有辛味的「皮坎堤起司（Pic-cante）與甜味的「多爾切起司（Dolce）」
兩種。雖然後者在亞洲較受歡迎，但一般說到正宗的古岡左拉皮坎堤起
司，指的還是前者。

它的起源帶著鄉野傳說的色彩，據說有個為愛分神的年輕人，把一籃
濕潤的凝乳掛在潮溼的地窖，一整晚都忘了取回。到了第二天，他為掩飾
自己的錯誤，於是把它與新的凝乳混合。過了幾周，它竟生出了綠色的黴
菌，竟然變得美味無比。古岡左拉起司就這麼誕生了！

早期製作這款起司的方法，是遵守兩天凝乳法，讓凝乳自然地吸收黴
菌進行發酵。不過，現在起司多半在工廠裡製作，使用的是一天的凝乳，
並且經過殺菌；好處是，這樣所產出的起司，紋路分布較為均勻美觀，但
風味卻不及傳統製程所產來得強烈。

這款起司為直徑約 30 公分的圓柱型，熟成時周圍會微微鼓出，像即
將崩塌的河岸。一般來說，表皮周圍會帶一點點淺灰色，如果透出棕色，
則表示其質地過於乾燥。沾點蜂蜜，搭配紅酒，它就是天堂般的美味。

原料	產地	稱號保護	熟成時間	生產季節
牛乳（殺菌乳）	義大利 ▌▌	AOC / 1955 年	至少 2～3 個月	一年四季

外觀特徵	粗糙的褐色表皮，帶著一點點灰色，奶油色的內芯滿佈著綠色的紋路。
品嚐風味	麝香般的濃厚的香氣，帶著刺激性的鹹辣，以及微的水果甜味。
享用方式	抹在核桃麵包上，或著加點奶油拌進義大利麵裡，以蜂蜜調味拌入沙拉也不錯。

058 格拉娜帕達諾起司

Grana Padano

硬質

◆◆◆

一個剛製成的完整格拉娜帕達諾起司，約有 36 公斤左右。因為風味濃厚，一點點就能香氣四溢，所以常切成薄片出售。它的風味與帕馬森起司相近，因為價格可親所以始終人氣不減，是最適合日常使用的硬質起司。

平易近人的人氣王

格拉娜帕達諾起司起源於 12 世紀，由位於北義大利的齊亞拉瓦萊修道院（Chiaravalle Abbey）的西妥會（Cistercian）修士所創作發明，今日在帕達那谷（Padana Valley）的大平原上，滿佈著其生產工廠。在經義大利 DOP 認證的起司中，它不僅是體積最大的，也是產量的冠軍。

說到這款起司，那就不得不提到風味相似的帕米吉安諾 - 雷吉安諾（俗稱帕馬森），兩款起司的出現年代相近，而以各自的產地命名。因為產地紛雜的命名幾經紛爭，最後帕米吉安諾 - 雷吉安諾指定了 5 省為限定產地，而格拉娜帕達諾起司則將生產地擴增至周邊 30 餘省，以「顆粒」（Grana）和「帕達諾平原」（Padano）來命名，分道揚鑣。

雖然與帕馬森起司風味相近，但格拉娜帕達諾起司熟成期間較短，風味清淡而價格便宜，非常適合日常調味，所以在家庭中使用的比例高出前者許多，在義大利被稱為「廚房之夫」，是家中必備的食品。

除了表皮上的烙印的記號與名稱，格拉娜帕達諾起司與帕馬森外觀如出一轍，平時切片販售，實在令人分不清楚。在義大利會有清楚標示，在亞洲地區就不然了，還時常被稱為帕馬森起司。

原料	產地	稱號保護	熟成時間	生產季節
牛乳	義大利 🇮🇹	DOC / 1955 年 DOP / 1996 年	至少 9 個月	一年四季，熟成 15 ～ 18 個月為最佳賞味時機。

外觀特徵	外皮硬而光滑，金黃色或深黃色，內部為白色至淡黃色，脆弱易碎。
品嚐風味	奶油發酵一般的香氣，隨著熟成時間增加，而散發乾草氣息。
享用方式	刨成碎屑灑在各種食物上以增加香氣。

059

馬斯卡彭起司

Mascarpone

 新鮮

◆◆◆

屬新鮮起司的一種，純白的鮮奶色澤，質地柔滑細膩，有鮮明的檸檬調酸甜果香。因為未經熟成，所以起司的香氣並不明顯，但有溫潤的牛乳氣息。

提拉米蘇的靈魂

馬斯卡彭起司的歷史，最早可以追溯到 12 世紀，可靠的起源約在 16 世紀末到 17 世紀初之間。過去，它是北義大利倫巴底大區（Lombardia）秋天至冬天的名產；後來，因其是製作知名義式甜點提拉米蘇的原料之一，遂隨著流行的風潮舉世聞名，而在北義大利大範圍量產。

更早的時候，西班牙總督造訪倫巴底大區時，嘗到了這一款起司，便曾經用西班牙語驚聲讚嘆，稱它是「絕品」（mas que bueno）。據說，這就是其被稱為「馬斯卡彭」（Mascarpone）的由來。據說，它更是拿破崙最喜愛的一款起司呢！

這款起司的作法，是在牛乳中添加鮮奶油，利用敲打乳脂（scream）的方式，讓天然的酸性逐漸與之分離，呈凝乳化再濾出乳清。因此，它的乳脂肪含量高達 90%，質地宛如香草冰淇淋，口感類似打發的鮮奶油，透著爽口的輕盈微甜，非常濃密滑順。

除了用來製作提拉米蘇之外，馬斯卡彭起司的用途與吃法相當廣泛。它可以加上咖啡、巧克力、白蘭地等食材，當成甜點直接食用，也可以用來製作義大利麵或燉飯的醬汁，讓其味覺在濃郁中更顯清爽，味覺上增添層次。

原料	產地	生產季節
牛乳	義大利 ■■	一年四季
外觀特徵	偏黃的米白色，質地介於鮮奶與奶油之間。	
品嚐風味	帶著濃厚的質感中帶著酸甜滋味。	
享用方式	可代替鮮奶油，也可作為醬汁或抹醬，最廣為歡迎的莫過為製作提拉米蘇。	

060

莫札瑞拉起司
Mozzarella

新鮮　紡絲

◆◆◆

來自義大利南方的莫札瑞拉起是紡絲起司家族的代表。口味溫和香甜，柔軟多汁，味道富有層次。它的外型通常是 3 至 12 公分的不規則球狀，被置於含鹽水的杯中包裝販售。

最經典的紡絲起司

莫札瑞拉在當今，已是全球風行的一款起司，幾乎世界各地都看得到它的身影。其來自義大利南方第一大城市拿坡里，這是一個擁有悠久歷史與豐富文化的古城，以藝術與美食著稱，近郊的溼地曾是水牛棲息之地。所以莫札瑞拉起司一開始是以水牛乳製成。

根據傳說，其源自於 12 世紀，一個製作乳酪的人，不小心將凝乳掉進熱水桶中，因而發明了這款新起司。1957 年，歷史上第一個寫出食譜的廚師巴特羅梅爾‧史考畢（Bartolomeo Scappi），在他的著作《烹飪的藝術》（Opera Dell' arte Del Cucinare）中，就曾提及。到了 18 世紀，莫札瑞拉已經開始在義大利南方大量生產了。

莫札瑞拉起司的口感特殊，吃起來彈性十足，原因就在於特殊的「紡絲起司」（pasta filata）製作法。在製造過程中，需要在熱水中攪拌凝乳，形成獨特的纖維質，在進行撕拉的「馬蘇土拉」（mozzatura）製程，這也是其名稱的由來。

這種獨特的凝乳結構，不但有著讓人上癮的口感，而且能吸收並鎖住食物的湯汁，為菜餚畫龍點睛。做成冷盤沙拉，或者用於披薩焗烤，都能吃出好風味。

原料	產地	生產季節
牛乳	義大利 🇮🇹	一年四季，越新鮮越美味。
外觀特徵	純白色或微偏黃，綿密而有彈性，水份含量高。	
品嚐風味	微微的甜味與酸味，質地黏稠有彈性，十分耐咀嚼。	
享用方式	冷熱皆宜，冷的可搭配番茄切片，熱的加入披薩或義大利麵。	

061 莫札瑞拉野水牛起司 新鮮

Mozzarella di Bufala Campana

◆◆◆

以野水牛乳為原料的莫札瑞拉起司,有著水牛乳特有的濃郁香氣,泥土、苔蘚與新皮革味交織,化在舌尖特別帶勁。儘管價格不斐,仍有不少死忠愛戴者。

最正統的莫札瑞拉

在前面介紹莫札瑞拉起司時,曾說到其最初所採用的原料,乃是拿坡里周邊棲息水牛所產之牛乳。但到了現代,因為水牛日漸稀少,而需求量大增,所以多數都改採一般牛乳製作。為了區隔,仍以傳統水牛乳製造的莫札瑞拉,便經 DOC 與 DOP 認證,以「莫札瑞拉野水牛起司」稱呼之。

水牛,不同於專門產乳的乳牛,其主要的功用為耕地、運輸等勞役,水牛乳不過是附加的價值。不過,近年來水牛乳的身價可是水漲船高,它不僅風味濃厚可口,而且綜合營養價值更高,含有豐富的蛋白質、胺基酸、乳脂、維生素等,又因為產出不易,量只有一般乳牛一半,所以非常珍貴,被稱為「乳中極品」。

儘管莫札瑞拉起司在今日已經量產而普及,但大多是採牛乳製成,對於老饕們來說,遵循古法以野水牛乳製造的莫札瑞拉起司,仍是不可取代的正宗滋味。其脂肪含量高,奶香味特別濃郁,口感柔軟而充滿彈性,獨特的嚼勁讓人越吃越上癮。

番茄起司沙拉是義式料理中一道經典的前菜,將番茄和起司切片,互相交疊在一起,灑上鹽巴和橄欖油,再放上新鮮的羅勒葉就完成了。想要吃到原汁原味的感覺,就一定得選用莫札瑞拉野水牛起司。

原料	產地	稱號保護	生產季節
水牛乳	義大利 ▊	DOC / 1993 年 DOP / 1996 年	一年四季,初夏最當令。
外觀特徵	如豆腐一般潔白的球型,表面光滑,不具黏性,有些會帶著薄薄的外皮。		
品嚐風味	細緻彈牙,含水量高,具有乳酸菌的香氣。		
享用方式	通常置於室溫後食用,滴上幾滴檸檬汁直接品嚐,或運用於烹調。		

062 帕馬森起司
Parmesan

◆◆◆

被譽為起司中的王者，品嚐一小片，就等於嚐到了一大部分的義大利地理、美食和文化。它的製作方式受到嚴格控管，自 12 世紀起幾乎沒有改變。

義大利起司之王

發源於 12 世紀的「帕馬森」，流傳至今已有近千年的歷史了。它是義大利最經典、最具代表性的起司，那香氣馥郁的滋味，彷彿蘊藏了所有義大利的地理、美食與文化。

帕馬森又稱做「帕米吉安諾 - 雷吉安諾」（Parmigiano-Reggiano）。1955 年，產地的起司聯合會（The Consorzio del Formaggio Parmigiano-Reggiano），嚴格制訂了名稱的保護，規定生產省分只限於摩典那（Modena）、帕瑪（Parma）、雷吉諾艾米利亞（Reggio Emilia）、艾米利雅 - 羅馬涅（Emlia-Romagna）地區的波隆納（Bologna），以及倫巴底（Lombardia）地區的曼托瓦（Mantova）。更規定原料乳的乳牛，只能吃新鮮的草料，因此其風味會隨著產季的不同，呈現細微的變化。

這款起司是以脫脂鮮奶製成，酪農每晚會把牛奶放在容器內進行分層，浮在上層的油脂做成奶油，其餘再混入當日的全脂奶進行製作。因此，帕馬森的脂肪含量很少，熟成後的質地十分堅硬。在義大利街頭的市集裡，小販是用鑿子在硬到發亮的大起司上鑿下顧客所需份量販賣的。

春季，起司為淡黃色，帶著花草風味；夏季，起司會滲出脂肪，所以質地更乾；秋季，蛋白含量較高，香氣濃郁；冬季，受到草料影響，味道最為強烈。

原料	產地	稱號保護	熟成時間	生產季節
脫脂牛乳	義大利	DOP / 1955 PDO / 1992	12 ～ 24 個月	一年四季，隨產季的不同，風味各具特色。
外觀特徵	淡棕黃色，扁圓柱狀。外皮蓋滿戳記，包括起司聯合會的認證、生產農場及製造日期等。			
品嚐風味	沒有起司常見的酸味，不過鹹、無苦味，有著新鮮鳳梨般的濃郁果香。			
享用方式	用途廣泛，可直接切成小塊食用，也可用於各種鹹味料理中。			

063 佩科里諾羅馬諾起司

Pecorino Romano

硬質　羊乳

形狀為直徑 25 ～ 30 公分的圓筒型，因為鹹味與香氣濃厚強勁，通常會切成塊出售，在義大利經常磨碎了當成鹽使用。

來自古羅馬的風味

佩科里諾羅馬起司的起源，據說始自西元前 1 世紀的羅馬帝國時代，被認為是義大利現存最古老的起司。它的鹹味強勁，保存方便，曾是古羅馬大軍遠征時隨身攜帶的糧食。雖然到了現代，因為人們著重健康自然，鹽度已經大為降低了，但仍可以在其中嚐到些許來自古羅馬的樸實風情。

「佩科里諾」（Pecorino）是綿羊乳起司的統稱，「羅馬諾」（Romano）意指羅馬近郊。但隨著需求量大增，主要產地已不限於羅馬周邊，而移至土地更寬廣、綿羊乳更易取得的中部托斯卡納（Toscana）、南部拉齊奧（Lazio）與薩丁尼亞（Sardinia）等地。商業競爭下，今天有 90% 以上的佩科里諾羅馬諾都出自薩丁尼亞一帶的工廠。

佩科里諾羅馬諾起司外表帶有一層薄薄的淺象牙白色硬皮，有時還覆蓋著特殊的暗色或黑色保護層。由於生產技術與條件的不同，會帶有白色到稻草色的孔洞，數量不一。因為在製作過程以鹽來塗抹擦拭乳酪表面，所以鹹味十分強烈，濃郁的起司香氣中，帶著硬質起司特有的辛辣感。

在義大利，人們經常以這款起司替代鹽，為料理調味提鮮。不論是刨絲、研磨成粉加在義大利麵上或沙拉上、甚至甜點水果上，都能增加食物的美味層次。

原料	產地	稱號保護	熟成時間	生產季節
綿羊乳	義大利	DOC / 1955 年 DOP / 1996 年	4 個月～ 1 年	一年四季

外觀特徵	表皮薄，整體為象牙白色。
品嚐風味	鹹味強勁，微微酸味，帶有綿羊乳特有的甜味與濃醇度，香氣中帶著辛辣感。
享用方式	搭配巴薩米克醋直接品嚐，或運用在料理上，增添風味。

064 佩克里諾起司

半硬質 **羊乳**

Pecorino Toscano

◆◆◆

羅馬時期便已經存在的，一款歷史悠久的起司。由於鹽份的含量較少，使得品嚐者可以不受干擾，品味到更完整細膩的綿羊乳香。

托斯卡納紅酒的最佳拍檔

說到托斯卡納（Toscana），不少人都會想起平價卻美味的日常餐酒。這裡有著悠久的葡萄酒歷史，產出的酒品酸度與單寧適中，量大而品質穩定。但很多人不曉得，此地所產的綿羊乳起司，同樣迷人獨特，搭配在地盛產的紅酒，正是完美組合。

這款名為佩克里諾的起司，歷史同樣相當悠久。早在羅馬時期，哲學家老普林尼（Pliny the Elder）便稱之為「像月光一樣的起司」（Caseus Lunensis）。1832 年，《牧羊人手冊》（Manuale del Pecoraio）的作者伊格納齊奧（Ignazio Malenotti）更在書中提到，它是使用來自茉薊（Cynara cardunculus）花朵的素食凝酶所製成。

佩克里諾起司外型為直徑 15 ～ 22 公分的大圓盤，可再細分為偏軟的「夫雷斯柯起司」（Fresco）及稍硬的「斯他吉歐娜多起司」（Stagionato）。前者經歷的熟成時間較短，僅 20 天～ 1 個月左右，所以風味清爽宜人，十分順口。後者熟成期達 3 個月，質地更紮實有彈性，除香甜濃厚的綿羊風味之外，還帶著些許菇類的氣息。兩款起司皆有擁護者，特別是在日本，都是長銷的品類。

原料	產地	稱號保護	熟成時間	生產季節
綿羊乳	義大利	DOC / 1986 年	至少 20 天	一年四季

外觀特徵	表皮為黃色，質地滑順；內芯為奶油色，質地緊實。
品嚐風味	綿羊乳的香甜，賦予鮮明的韻味，帶有乾果的香氣。
享用方式	加入沙拉，或搭配葡萄酒。

065 波羅伏洛瓦爾帕達納起司

Provolone Valpadana

半硬質　紡絲

◆◆◆

這是一款會牽絲的紡絲型起司（pasta filata），可以用來焗烤或加入燉飯，因為只要一小片就能帶來非常濃郁的風味，所以被認為是窮人起司。

在北方扎根的南方起司

這本來是一款來自義大利南方的起司，卻在北方扎根發揚光大。1861年，義大利統一，南北文化交流變得頻繁，南義大利的投資者們，紛紛將紡絲型起司的技術帶到牛奶產量豐富的北方。波羅伏洛瓦爾帕達納起司也就在瑪久得（Margiotta）家族和阿文奇歐（Auricchio）家族的經營下，引進北義大利。

所謂「紡絲型起司」，指的是烘烤加熱後會產生特殊濃稠彈性，能拉出長長牽絲的起司。製作時，需要先在熱水中攪拌出凝乳，裝袋後再用繩子將口袋綁緊，接著 2 個一組吊掛起來熟成。因此，波羅伏洛瓦爾帕達納起司有著香腸、西洋梨、圓錐型的各式各樣的造型。

會牽絲的波羅伏洛瓦爾帕達納起司，具有獨特的彈性，遇熱容易融化，用在料理格外適合。隨著熟成時間的增加，起司含有的水份減少，鹹味也會逐漸濃郁，所以只要運用其本身的鹹味，再稍微修飾調味即可。千萬不要加了起司，又拼命加鹽巴！

熟成 3 個月以內的起司，味道較為清淡爽口，可以直接在餐桌上佐餐，搭配沙拉或麵包。至於 6 個月～1 年的熟成起司，味道十分濃郁，最適合用來做料理，是很普遍的日常調味。喜歡起司牽絲的感覺嗎？那就別錯過它！

原料	產地	稱號保護	熟成時間	生產季節
牛乳（無殺菌乳）	義大利 ■■	DOC / 1993 年 DOP / 1996 年	至少 1～2 個月	一年四季
外觀特徵	表皮有光澤，呈現金黃色，內芯為米白色，質地緊實。			
品嚐風味	熟成時間不長，卻有著格外濃郁的香氣，透著鹹味及微微辛味。			
享用方式	熟成 3 個月內的可作為餐桌起司，更久的話較宜用於烹飪。			

066

拉古薩諾起司

Ragusano

硬質 紡絲

◆●◆

產自義大利南部的西西里島，是一種紡絲型起司，也是該地最古老的
起司之一。方正的外型是其一大特色。

古城中的經典味道

位於義大利南方西西里島的拉古薩（Ragusa），是個以農業為主的歷
史古城，和諾托壁壘（Val di Noto）地區中的另外七座城鎮，在 2002 年
6 月一同被列為聯合國世界文化遺產。1693 年左右，此區被巨大的地震
摧毀殆盡，導致約莫 5000 人死亡，重建的城鎮被稱為「西西里巴洛克風
格」，因代表了歐洲巴洛克藝術的最後高潮而聞名於世。

遊客到訪此處，除了欣賞歷史悠久的建築城鎮，品嚐在地所產的拉古
薩諾起司，更是不能錯過的行程。其歷史可追溯到至少西元 1500 年，最
初的名字為卡奇歐卡瓦洛（Caciocavallo），是西西里島最古老的起司之
一。其味道因熟成時間而不同，2 個月時清甜宜人、味道細膩；到了 6 個
月以上，則氣味變得更濃厚強烈，帶著辛香。

起司的外型十分獨特，是方方正正的啞鈴狀。據説，這是為了讓山區
的騾子方便載運，以送到各地的村莊，因此山區的人們又把它稱為「四面
臉」（Quarttroface）。這個詞本來是用來形容不可信賴的人，並不是什麼
稱讚的話，但對於起司來説，多種面貌風味，總是讓品嚐者感到驚喜，應
該是一件不錯的事情吧！

原料	產地	稱號保護	熟成時間	生產季節
牛乳	義大利 🇮🇹	DOC / 1955 DOP / 1995	3 個月～ 12 個月	一年四季

外觀特徵	外型方正，淡金黃色外皮，乳黃色的內芯帶有小氣孔。
品嚐風味	帶有甜、酸、鹹的刺激味，有蔬菜與動物的氣息。
享用方式	搭配大蒜以橄欖油醃漬，再以白醋和香草調味。

067

瑞可達起司

`新鮮`　`可牛羊乳混合`

Ricotta

◆◆◆

這是一款在南義大利極為普及的起司，白色質地綿密柔軟，通常會置於杯中進行販售。它不僅可作為甜點食用，在料理中的應用也很廣泛，能為披薩、千層面、義大利麵及乳酪增添風味。

怎麼吃都很好吃

瑞可達起司應該是應用最廣泛的起司之一。無論是直接食用，加入蜂蜜及果醬做成可口甜點，或應用於料理製作之中，可說是甜鹹皆宜，風味百變。舉凡義式料理中的千層麵、義大利麵、燉飯、蛋糕或披薩，若想要做出真正的道地風味，可真是少不了這一味。

「瑞可達」（Ricotta）意為「二次加熱」，通常是由製作大型硬質起司剩下的乳清而製成的。鮮奶經過第一次的加熱以製成起司，接著剩下的乳清再加熱一次，使裡面的固體成分浮出表面，然後將這些凝乳碎塊，舀入燈草芯籃或塑膠模型裡。在現代的工廠中，會將起司冷藏在攝氏 4 度以下的環境，包裝出售。

儘管現在出售的瑞可達起司，原料多以牛乳為主，但事實上它的製成材料可以非常多樣化，包含牛乳、綿羊乳、山羊乳，甚至是水牛乳，可以加鹽熟成、煙燻口味、香草包裹等等，滋味變化豐富。

不同於一般起司的紮實口感，瑞可達入口綿密，有細微的顆粒感，雖然整體的風味清爽，但在口中慢慢化開時，卻可以感受韻味十足的奶香，慢慢地在口腔中擴散，令人回味再三，風韻十足。由於富含蛋白質及胺基酸，營養十分容易吸收，是養顏美容及維持健康的好選擇。

原料	產地	生產季節
牛乳	義大利 ▮	一年四季
外觀特徵	沒有表皮，純白色奶油狀，帶著些微顆粒感。	
品嚐風味	風味清爽，有豐盈的牛乳香氣。	
享用方式	加入蜂蜜或果醬或單獨食用，亦會用於料理中。	

068 斯卡摩札煙燻起司 （新鮮）（紡絲）

Scamorza Affumicata

◆◆◆

斯卡摩札煙燻起司是莫札瑞拉家族的親戚，同屬南義大利紡絲起司家族的一員。不過，它多了一道煙燻熟成的手續，牛乳味更為濃厚，煙燻香氣十分迷人。

煙燻風紡絲型起司

　　將莫札瑞拉起司風乾熟成 2～3 天之後，再用細繩吊起來瀝乾，掛在木柴或是稻草所生的火堆上煙燻入味，使其表皮呈現麥桿色，內芯由濃稠柔軟轉變為緊實有彈性，就成了斯卡摩札煙燻起司。相較於未經熟成的莫札瑞拉，這款起司有著沈穩的煙燻風味，厚實而濃縮的牛奶香氣，而且風味溫潤好入口，沒有惱人的辛辣味，是老少咸宜的口味。就連不喜歡煙燻起司的人，都能輕易愛上這款滋味！

　　這款起司發跡於義大利南部卡拉布里亞一帶（Calabria），屬於紡絲型起司。因此，其在製作過程中，同樣經過凝乳延展拉絲的手續，所以加熱之後食用會呈現牽絲的效果。煙燻加上奶香，使得它的味道帶著海洋風情，和魚漿及魚板頗為類似，經過熱煎或烘烤，更是滿室生香，搭配獨特的延展口感，實為一絕。

　　在品嚐的方法上，也有許多變化。你可以直接切片，夾在三明治或麵包之中來食用，在其獨特的嚼勁中，慢慢咀嚼出濃郁的煙燻芳香。也可以置於披薩、焗烤、千層麵、燉飯等等料理中，透過加熱使其融化，展現出絲絲入扣的柔軟。那隨著起司散發出的濃郁香氣，真令人彷彿置身義大利南方的微風中呢！

原料	產地	稱號保護	熟成時間	生產季節
牛乳	義大利 🇮🇹	PAT / 1996 年	2～3 天	一年四季，製造日起20 天內品嚐最佳。
外觀特徵	表皮呈現煙燻後的咖啡色，有彈性的緊實內芯為奶油色。			
品嚐風味	莫札瑞拉香氣的濃縮精華，帶著煙燻味。			
享用方式	搭配麵包直接食用，或者放於料理中加熱，都能展現不同風味。			

069 塔雷吉歐起司

Taleggio

軟質　洗皮

◆◆◆

這是一款用來塗抹的義大利起司，它雖然擁有一層薄薄的紅褐色表皮，卻沒有洗皮起司強烈的氣息。風味溫和而香甜，是義式三明治風味迷人的秘訣。

溫潤的花草清香

塔雷吉歐起司的歷史相當悠久，儘管此一稱呼是 20 世紀才開始使用，但根據史料上的交易記錄，至少 10 ～ 11 世紀時便已經存在了。產於貝加莫地區（Bergamo）塔雷吉歐村（the Val Taleggio）的這款起司，最初是因為阿爾卑斯山麓放牧的牛遷移至村莊時，為了保存沿路產出的牛奶，半路所製作出來的。當時，人們叫它作「斯多拉奇諾起司」（Stracchino），就是「有點累了」的意思。

傳統塔雷吉歐起司的製作方法，是以手工搓揉的方式，將鹽融入起司，再放置於山區的洞穴，任其自然熟成。洞裡有幽深的裂縫和缺口，提供了天然的冷藏環境，微微流動的自然風，有助於外皮上的黴菌均勻擴散。到了現在，這種在山區以生乳依古法製成的成品，仍與大工廠所產出的商品，有著顯著的風味差異，被稱為「山間風味」。

由於這款起司的黴菌是從外皮向中心逐漸熟成的，所以其嚐起來有一股溫和但持續的草本氣味，包括發酵水果、乾草和高山野花的氣息。只消先用刀子將有粗粒感的外皮稍微刮除，即可盡情享用，徜徉在阿爾卑斯的山林芬芳中。

雖然是洗皮起司，但它的氣味較一般洗皮起司更加溫潤沉穩，可單獨食用或製成料理，是一款絕佳的餐桌起司。因為融化得快，放在不同的菜餚裡也很適合，品嚐方式千變萬化。

原料	產地	稱號保護	熟成時間	生產季節
牛乳	義大利 🇮🇹	DOC / 1988 年	至少 40 天	一年四季，當令時節為春～秋天。

外觀特徵	薄薄的紅褐色表皮上，散落著微微的藍黴菌，奶油色的質地彈性十足。
品嚐風味	半軟的質地香氣濃郁，溫和的味道，常洋溢著奇特的果香。
享用方式	搭配麵包、火腿及蔬菜製成帕尼尼（panini），也就是義式三明治。

070 迷你高達起司
Baby Gouda

半硬質到硬質

◆◆◆

迷你高達起司不只尺寸小巧，其熟成時間也比一般高達起司來得短，約莫是 3 周。乳味濃厚而淡鹹，洋溢著甜味果香。

青春的甜美乳香

高達起司源自荷蘭南部的同名村落「高達」（Gouda），自 12 世紀開始便已經揚名歐洲，暢銷各地。近千年的歷史下，高達起司演變出許多不同的種類，不只出自工廠或農村的區別，或是採用殺菌牛奶或未殺菌牛奶的差異，重量也可以有 500 公克到 40 公斤的差距；從 1 個月到 2 年不等，甚至 3 ～ 7 年的熟成期，質地從半硬質到硬質；甚至有原味以外，茴香、松子、辣椒、松露、芥末籽、煙燻等口味的變化。

迷你高達起司不僅尺寸格外小巧，熟成的時間也比一般高達起司來得短，只有約莫 3 周左右。年輕的高達乳酪，內芯乳酪團紮實而富有彈性，呈現淡黃色，上面分散著不規則、大小不一的乳酪眼，濃厚的乳香帶來豐盈飽滿的口感，水果的甜味非常鮮活，溫潤的韻味彷彿春風，滿滿的青春氣息。

一般來說，人們喜歡將熟成淺的高達起司，運用在點心、沙拉和三明治的製作上，只要薄薄一片或些許粉末，滋味立刻大不相同。若是加入焗烤或濃湯中，則可以讓風味更鮮活、更有層次，避免過於厚重的單調滋味。想要直接食用的話，挑選一瓶荷蘭啤酒（Dutch beer）來搭配，會嚐出不同的驚喜唷！

Alexander Prokopenko / Shutterstock.com

原料	產地	熟成時間	生產季節
牛乳	荷蘭 🎌	3 周	一年四季
外觀特徵	小巧的扁圓狀，質地紮實而帶有些許彈性，以紅色的封蠟包裝。		
品嚐風味	質地豐潤，濃郁的奶香之中，帶有鮮明的水果香氣。		
享用方式	用於焗烤或濃湯的料理，或加在三明治與沙拉中。		

071 巴席隆起司
Basiron

半硬質

◆◆◆

將荷蘭的高達起司混合各種香料製作而成的起司，顏色因其風味而各有不同，擺放在一起色彩繽紛，充滿派對的熱鬧感。是充滿創意的一款起司！

繽紛起司萬花筒

巴席隆起司隸屬於荷蘭一家百年老闆企業，是其旗下的一個品牌。其標榜自己是荷蘭最具特色的香草高達起司，奶油起司搭配獨特配方，再融入各種香草的顏色，打造出一系列五彩繽紛的起司組合，令人充滿視覺與味覺的驚奇。淡紫色薰衣草、貝西隆芥末、火紅辣醬、紫蘇核桃等等，20多種獨特的組合，讓人始終在味覺上有驚喜，怎麼吃都吃不膩。在起司的領域，真是讓人眼睛一亮的存在。

巴席隆佩斯特維爾德起司（Basiron Pesto Verde）是創始款，運用了綠色香蒜醬。2005 年，其被創作出來時，因為綠色的顏色太過獨特，甚至不被允許以「起司」自稱，在創作者不斷的呼籲下，法令才為此而放寬。巴席隆佩斯特羅索起司（Basiron Pesto Rosso）是很受歡迎的另一款，它混合了奧勒岡（Origanum vulgare）與番茄，打造出十足的義大利風味，讓人有品嚐正宗義式披薩的感覺，風味非常經典。即使在日本，這款口味也十分風行。貝西隆芥末（Basiron）也很有特色，是一款真正具有芥末味的高達起司，可以用來搭配美式壽司拼盤。

想要辦一場讓人驚奇的起司派對嗎？讓巴席隆帶給你最精采豐富的起司世界吧！

原料	產地	熟成時間	生產季節
牛乳	荷蘭 ▬	因款式而不同	一年四季

外觀特徵	豐富的口味，讓顏色多采多姿，冰淇淋般令人目不暇給。
品嚐風味	將各種風味，融入起司中，創造充滿驚奇的味覺體驗。
享用方式	做成五顏六色的起司拼盤，或運用於焗烤及義大利麵的料理中。

072 埃德姆起司

Edam

硬質

◆◆◆

外型有如紅通通的大蘋果，口感強韌有嚼勁，帶著香甜的鮮奶香和奶油香，尾味具有淡淡的鹹香，平易近人的口感和氣味，是嘗試乳酪入門者的好選擇。

平易近人的家常味

以農牧立國的荷蘭，所生產起司自古便享有盛名。17 世紀時，荷蘭會在北部城鎮埃德姆（Edam）將這款起司裝船，然後藉由航運銷往歐洲各地，便因此而得名。而今，你在世界各地的乳酪櫃上，都可以輕易發現它，乳黃色的質地被包裹在紅色石蠟外衣中，圓滾滾的，活像是一顆香氣逼人的蘋果。

紅通通的外皮，只限於國外版本，若是荷蘭境內所販售的埃德姆起司，則以黃色蠟包覆。脫脂鮮奶製作而成的埃德姆，其脂肪含量低，風味格外清爽，比較不會造成熱量的負擔，因此又被稱為「減肥起司」。然而，擁有減肥食品頭銜的它，滋味卻一點也不馬虎。帶著香甜的鮮奶香和奶油香，尾味具有淡淡的鹹香，平易近人的口感和氣味，老少咸宜，又富含鈣質及蛋白質，很適合作為日常營養的補給。

賞味這款起司，可將其先放於室溫半小時至一小時，喚醒起司本身獨特的風味。荷蘭人喜歡切片，搭配堅果、巧克力、雞蛋等其他食材，做成三明治；又或者磨成粉末裝，入菜為料理提鮮加味。開封後，只要妥善包裹存放，置於冰箱中可以保存至少一年以上。不需要是重度起司愛好者，也能隨時存放在冰箱，享受這香濃、溫潤又平易近人的滋味。

原料	產地	熟成時間	生產季節
牛乳	荷蘭	至少 120 天	一年四季
外觀特徵	球狀，奶黃色的堅硬質地，通常會以紅色蠟包覆。		
品嚐風味	溫潤細膩，奶油般香濃，尾韻帶著微酸。		
享用方式	切成片做成三明治，或磨碎入菜為料理提味。		

073 高達起司
Gouda

◆◆◆

有多種和多樣，大小不一，有蠟封和不蠟封的，也有各種不同熟成期的。產於荷蘭，產量佔整體荷蘭起司的一半以上，行銷世界各地。

起司界的天王巨星

高達起司來自荷蘭南部鹿特丹（Rotterdam）的高達村（Gouda），歷史最早可以追溯到 13 世紀。約莫從 14 世紀開始外銷，是荷蘭主要的出口商品之一，長久以來為荷蘭起司贏得盛名。幾百年來，高達起司發展出各式各樣的種類：有的來自工廠，有的來自農莊；可用殺菌牛奶，也可用未殺菌牛奶；重量從 500 公克到 40 公斤不一而足；熟成期從 1 個月甚至可以到 7 年；質地從半硬質到硬質；有原味的，也能把茴香、松子、辣椒、松露、芥末籽、煙燻加入調味。分類繁多，令人目不暇給。

如此繁多的類別，正顯示出其受歡迎的程度，說它是的世界級起司天王巨星，可是一點也不為過呢！特別是在江戶時代的日本，荷蘭是鎖國體制下唯一特許的貿易國，這使得高達起司從 17 世紀便從長崎進入，成為日本飲食現代化、西化之後，不可或缺的要角。

挑選高達，可從生產者及熟成時間兩方面著手。工廠製作的高達乳酪柔軟而有彈性，風味溫和；農家自製的乳酪，則有一股鹽味，還帶有淡淡果香。隨著起司成熟，外殼逐漸變厚，乳酪團逐漸變深變硬，尤其在邊緣，逐漸呈現一種強烈的風味。專家通常會敲打起司，透過敲擊聲來判斷熟成度。

原料	產地	熟成時間	生產季節
牛乳	荷蘭 ▬	至少 30 天	一年四季
外觀特徵	表皮為深黃色，內部為淡黃色，質地緊密堅硬。		
品嚐風味	沉穩細膩，韻味綿長，散發烏魚子般的醇厚香氣。		
享用方式	搭配葡萄酒或啤酒，切丁搭配沙拉，或運用於焗烤、醬料及麵包製作。		

074 陳年阿姆斯特丹起司 硬質

Old Amsterdam

產於阿姆斯特丹的陳年高達起司，特別被稱為陳年阿姆斯特丹起司。其和酒一樣具有越陳越香的特性，可搭配葡萄酒一起食用，常常帶有烏魚子與肉乾的口感。

歲月醞釀的滋味

酪農業發達的荷蘭，是起司生產的大國，其歷史淵源流長，史前時代便已經開始。羅馬人將硬質起司的製作方式引進至此，幾經演變之後就成了高達（Gouda）〔單元 073〕及埃德姆（Edam）〔單元 072〕起司。因為擁有發達的航運，加上獨特的地理位置，12 世紀左右荷蘭起司的滋味便流傳至全歐洲，成為此後航海探險者途經必買的特產。

佔全國產量六成以上的高達起司，具耐久藏的特質，在歲月作用下，味道更顯濃韻，即是陳年阿姆斯特丹起司。在荷蘭，高達起司被分成許多不同熟成程度，熟成時間越久，質地越硬，味道也更香更鹹。1 至 6 個月的高達，質地軟而容易切片，以黃色或紅色封蠟包裝；熟成更久的，質地堅硬易碎，滋味濃郁，甚至有烏魚子的味道，以黑色封蠟包裝。

熟成時間較短的高達，有著鮮明的水果氣息，一般常用在料理烹飪的提味上。至於經過長時間熟成的高達，內部起司會出現小氣孔，果香不再那麼鮮明，取而代之的些許堅果或花生味，口感更加沈穩滑順，直接食用最能深度品味。不妨選一瓶夠味的葡萄酒，任酒液混著起司薄片的滋味在口中化開，好好體會這隨著歲月累積才能顯現的獨特況味。

原料	產地	熟成時間	生產季節
牛乳	荷蘭	至少 6 個月以上	一年四季
外觀特徵	扁圓的外型，表皮為金棕色，內部質地紮實，有些許氣孔。		
品嚐風味	濃郁的奶香，在歲月的洗鍊下，更顯甘醇與鹹韻。		
享用方式	刨成粉用於鹹派的調味、削成薄片夾進麵包，或搭配紅酒直接享用。		

075 安佳奶油起司
Anchor Cream Cheese

◆◆◆

來自畜牧業大國紐西蘭的知名品牌安佳（Anchor），以純淨不受污染的香醇牛乳製造。其乳脂含量純、乳香濃厚，冷藏後依然保有適度水分，是製作乳酪蛋糕的絕佳選擇。

來自畜牧業天堂

「安佳」（Anchor）創立於 1886 年，是世界首屈一指的乳製品品牌，隸屬於「恆天然合作社集團」（Fonterra Co-operative Group Limited）。這是一家由紐西蘭 10,500 位農民共同經營的合作社，佔有全球乳製品出口量約 30%，提供世界上超過 70 個國家使用，是紐西蘭最大的公司。有趣的是，因為「恆天然」在紐西蘭國內幾乎沒有競爭對手，政府要求其必須剝離旗下最大的品牌「安佳」，所以安佳在其國內反而隸屬於另一集團「古德曼外野手」（Goodman Fielder）。

說到優質乳製品，人們最直接聯想的便是紐西蘭。這裡有著廣大的草原，提供牛群充足牧草，所以乳牛皆為全年放牧，完全無須人工飼養或施打抗生素。新鮮牧草的養分，讓紐西蘭乳牛所生產的乳汁風味出眾，不僅香氣濃厚，且富含維生素 B、E、葉酸及 β-胡蘿蔔素。安佳奶油起司的色澤，比其他廠牌的產品偏黃一些，便是內含豐富礦物質的特色。

這款起司採用巴氏殺菌法處理的鮮牛奶和奶油製成，奶油起司口味適中，質地順滑。其乳香濃郁，且帶有淡淡的乳酸風味與果香，特別適用於蔓越莓、草莓、小藍莓等水果蛋糕。

原料	產地	生產季節
牛乳	紐西蘭	一年四季

外觀特徵	質地柔滑鬆軟，可直接塗於食物上。
品嚐風味	質地柔細滑順，口味溫潤適中，有淡淡的果香。
享用方式	直接食用、塗抹於貝果，或用於製作起司蛋糕。

076 傑托斯特起司
Gjetost

新鮮 牛羊乳混合

◆◆◆

這款產自挪威的山羊乳起司，有著甜膩的焦糖風味，以及些許的羊乳味，牛奶糖般迷人風情。冷藏狀態下食用，香氣特別強烈。

乳清製成的焦糖味起司

產自挪威的古東薩梧谷（Gudbrandsdalen Valley），以鮮奶、乳脂和乳清製成，帶有咖啡歐蕾般的色澤，牛奶糖般的黏稠質地，以及焦糖感的濃郁香氣。在挪威語當中，「傑托斯特」的意思就是「用山羊乳製成的起司」。過去，其所採用的原料是山羊乳，現在則多以牛乳製成的乳清，再加上牛乳、山羊乳、乳脂製作而成。

儘管地處高緯度，嚴寒的氣候使得資源缺乏，挪威擁有舉世聞名的峽灣地形，在 8 至 11 世紀時是維京海盜的活動據點。在活躍的航海交易帶動下，起司深受國外文化影響。傑托斯特起司以亞洲傳入的加熱濃縮法為基礎，將乳清加熱，讓水份蒸發後形成焦糖化團塊，並加入其他調味食材，產生出帶著香甜的獨特風味。而今，這款起司又傳回了亞洲，在日本以「滑雪皇后」（Ski Queen）一名，以紅色的搶眼包裝於市面上流通。

其擁有獨特的焦糖與花生味，在冷藏狀態下品嚐時，山羊乳香氣充盈口腔，風味十分強烈，並不是人人都能夠接受，卻特別受到挪威人的喜愛。傳統上，挪威人會切成薄片，放在脆硬的薄餅上品嚐，當做早餐食用。在聖誕節時，它更被運用於蛋糕的製作，搭配獨特的辛香料，製成在地風味十足的水果蛋糕。

原料	產地	生產季節
牛乳、山羊乳（乳清）	挪威 🇳🇴	一年四季
外觀特徵	呈現深焦糖色，質地緊實，且散發出光澤。	
品嚐風味	帶著焦糖味和花生味的香濃，口感黏稠。	
享用方式	切成薄片搭配酥脆薄餅食用。	

077 卡伯瑞勒斯起司

Cabrales

藍黴 牛羊乳混合

◆◆◆

柔灰色的薄皮之下，隱藏的是令起司愛好者夢寐以求的柔軟滋味，強烈刺鼻的辛香，掩蓋不住濃厚的奶香，綿密柔滑的滋味，嚐過就難以忘懷。

手工製作的夢幻起司

卡伯瑞勒斯的珍貴與稀少，讓它在起司愛好者之間口耳相傳而擁有盛名，只求可以品嚐其滋味，一償宿願。其製作手續是出了名的嚴格，必須遵照傳統工序，避免機器過度介入，以最自然的方式手工製作完成。其產自西班牙西北部的幾個小村落，寧靜的歐羅巴山（Picos de Europa）山區，這兒有滿山遍野的香草草原，以及富有天然黴菌的山間洞穴。

製作這款起司的原料，基本上以牛乳為大宗，但春天或夏天的季節裡，時常也會混入山羊乳及綿羊乳。製作時，會特意挑選自然濾除水份的凝乳，並以手工方式加入鹽巴，先放在低溫儲藏室裡滿一個月，再轉移到具有天然熟成作用的洞穴裡，耐心等待自然黴菌的成長，賦予刺激尖銳卻讓人驚艷的辛香。過去，人們還會以大紅葉（Acer amoenum）把它包裹起來，可說是特色十足。

起司是農家的處理剩餘牛乳的副產品，本就時常摻雜各種乳源，而這款講求傳統工法的起司也是如此。而且，據說混合乳源所製作出來的成品，氣味會更有層次、更深邃。其中，又以春天與夏天生產的產品，最具這樣多元的風味。

像這樣風味強烈的起司，建議你一定要留到餐後享受。一支帶著甜味的蘋果酒，調和藍黴的嗆辣尖銳，鮮美的滋味在口腔流轉，為一頓餐食畫下完美句點。

原料	產地	稱號保護	熟成時間	生產季節
牛乳與其他混乳（山羊乳、綿羊乳）	西班牙	DOP / 1981 年	最少 3 個月	一年四季
外觀特徵	芝麻一般的黴菌，滿佈在充滿氣孔的奶油色柔軟質地上。			
品嚐風味	風味強烈，略顯刺鼻，但口感格外綿密。			
享用方式	簡單搭配烤過的香脆白麵包，就能嚐出其強烈風味。			

078 伊迪亞薩瓦爾起司 半硬質 羊乳

Idiazabal

◆◆◆

橡膠一般的堅硬質地，帶有細小氣泡和煙燻外皮，煙燻的程序讓香甜
更具層次。純手工製作的版本，是難得一見的珍品。

下酒最對味的煙燻起司

這是一款歷史悠久的古老起司，來自被高山環繞的巴斯克（Basque）
地區，出自牧羊人代代相傳的手藝。夏天時，他們在高山草原活動放牧綿
羊，將製成的起司儲存在牧羊人小屋的屋椽（rafter），日復一日，漸漸沾
染上木頭煙燻的氣味，秋天時，則帶著這些香氣四溢的起司，回到村莊準
備過冬。淡淡的薰香混著羊乳的濃甜，調和出迷人的焦糖氣息，成為它的
一大特色。

在凝乳酶方面，其遵循了 DOP 的規定，自鹽漬後的羔羊胃部取出，所
以提煉出來的風味格外鮮明，味道十分尖銳。就算搭配口味強烈的酒品，
例如厚重濃烈的紅酒、帶泥煤味的威士忌或是豪邁清爽的生啤，也不會被
搶走鋒頭。經過山毛櫸（beech wood）的煙燻，有著濃厚的韻味，勁力十
足。

目前市面上流通的起司，若沒有煙燻味的品項，多產自低窪地區；帶
有鮮明煙燻風情的，才是來自高山地帶。想要試試最在地的吃法嗎？你可
以將烏賊佐以起司，做成伊迪亞薩瓦爾燉飯，其濃厚的奶香與酸溜的辛
香，不但與海鮮類食材相得益彰，還能讓風味層次更豐富。或者，把起司
切成薄片，配一杯厚重的酒，也是別有一番風味。

原料	產地	稱號保護	熟成時間	生產季節
綿羊乳	西班牙	DOP / 1987 年	最少 3 個	一年四季

外觀特徵	呈圓柱狀，外皮是煙燻的古銅色；內部質地堅硬緊實，為淡淡黃色。
品嚐風味	綿羊乳特有的焦糖香甜，透著酸味與辛香。
享用方式	夏天可搭配啤酒，冬天和威士忌是絕配。

079

馬翁起司

Mahon

半硬質

獨特的製作方法，形成了圓潤的外型，看起來就像一個抱枕。來自地中海沿岸的馬翁起司，充分演繹了海洋的風情，是當今歐洲最受推崇的乳酪之一。

品嚐地中海的微醺風情

　　馬翁（Mahon）位於地中海上的梅諾卡島（Minorca），座落在東海岸上，是一個天然良港，也是島上最主要的城鎮。自 13 世紀以來，此地開始發展畜農業，便是西班牙的農場中，產量數一數二的；加上水深廣闊的港口，島民在此以起司交換貨物，貿易十分昌盛。因此，馬翁起司自 1800 年代開始，便聞名於地中海地區，至今被公認為西班牙美食的經典，是功能最多的起司。

　　這款起司的製作方式十分獨特，是將凝乳包在布裡頭，將四個角綁緊之後進行加壓，再存於地下洞穴進行熟成，所以形成類似抱枕一般的外型。不知道是因為牛隻吃了海風輕撫的青草，還是因為製作及熟成階段暴露在充滿海洋氣息的空氣中，其有著地中海無可取代的獨特風味。微鹹的口感，帶著堅果及果香，還有海岸礁石的氣息，透過味蕾滲入心脾，令人怡然其中。此外，農夫會以橄欖油和西班牙紅辣椒（aprika）塗抹表皮，調味並防止黴菌生成，所以表皮會產生華麗的橘紅色外皮，以及尖銳的辛香，又是另一番風味。

　　因為味覺層次豐富，而且又易於保存，所以馬翁起司在歐洲極受歡迎。無論是用在料理提味，或只是切片配一杯日本清酒，都是絕妙的味覺體驗。

原料	產地	稱號保護	熟成時間	生產季節
牛乳	西班牙 ■	DOP / 1985 年	至少 21 天	一年四季
外觀特徵	橄欖油與辣椒粉塗滿表皮，內部是緊實的淡黃色。			
品嚐風味	質地堅硬，果香濃郁，微鹹中透著淡淡堅果氣息。			
享用方式	風味成熟之後，最適合搭配日本酒。			

080

馬若雷羅起司

Majorero

半硬質 ｜ 羊乳

馬若雷羅來自西班牙費埃特文圖拉島（Fuerteventura），是加那利群島
（Canary Islands）第一個獲得 DOP 認證的起司。它是採用全脂羊乳製
作的起司，有著濃郁的羊奶香。

沙漠中產出的香濃美味

費埃特文圖拉島位於大西洋，是加那利群島的第二大島嶼，地理上隸
屬於北非，政治上則是西班牙疆域的一部份。其名稱有著「強大的幸運」
之意，源於島嶼惡劣的天氣與海象下，航海冒險者對於平安的想像。此地
2009 年被聯合國教科文組織宣布為保護生物圈，島上景致為沙漠與矮樹，
正適合適應力強的山羊，由是誕生了極致香濃的馬若雷羅起司。

根據考古與歷史的資料，從第一批來自北非大陸的移民開始，島
上的生活便與山羊密不可分。馬若雷羅起司的乳源來自馬若雷拉山羊
（Majorera），是島上的特色品種，其適應力強大，產出的羊乳十分濃
稠，香氣更是過人，造就了這款氣味絕佳的起司。其質地豐潤而結實，口
感滑順綿密，濃濃的山羊乳味，在口中逐漸轉變為堅果與杏仁香氣，尾韻
十足。

當地人的飲食習慣，會將這款起司加入家常的蔬菜湯品中，增加濃度
與香氣。又或者，利用其堅硬的特性，磨成調味的粉末狀，灑在蔬菜沙拉
上來提味。熟成時間較短的起司，則可以用來料理起司火鍋。若能再搭上
一瓶當地盛產的起司白酒，更是絕妙組合！

原料	產地	稱號保護	熟成時間	生產季節
山羊乳	西班牙	DOP / 2007	至少 20 天	一年四季
外觀特徵	淡白色的起司，質地細密，看不見氣孔。熟成後，外皮顏色顯得稍深。			
品嚐風味	略帶彈性的質感，有著乳脂的香甜豐潤，餘味鮮明，有堅果味。			
享用方式	傳統上，會磨碎加入蔬菜濃湯或生菜沙拉裡，或做成起司鍋。			

081 曼徹格起司
Manchego

半硬質 羊乳

因為曾出現在世界名著上，而大名鼎鼎的西班牙代表性起司。其質地乾硬但綿密滑順，表面帶點油脂感，可以單獨食用，也可以加入各種料理中。

經典名著中的滋味

曼徹格起司的名稱來自位於伊比利半島中部的曼徹（La Mancha）高原，它位於馬德里南方，托雷多（Toledo）附近，這一帶降雨量稀少而氣候炎熱，自古被阿拉伯人稱之為「無水之地」（Al Mansha）。原生的矮樹叢、橡樹、黑刺李（blackthorn）等植物，提供了綿羊群充足的食物，使其得已在這周邊的山區恣意生長。

即便由工廠生產，現代的曼徹格起司，在製作上仍維持著人工擠乳的習慣。農夫必須抬起每隻母羊的後腿，使漲滿乳汁的乳房能夠容納進擠乳桶內，每天的產量只有幾公升。那蘊含著各種野生香草精華的香甜乳汁，正是讓這款起司風味如此出色的原因，濃郁的羊毛脂與烤羊肉香氣，還有巴西豆（Brazil nuts）與焦糖氣息，略帶油脂的口感，著實令人沉迷。

這款起司大名鼎鼎，曾在 17 世紀的文學經典《唐吉訶德》（Don Quijote de la Mancha）登場過。因為新鮮凝乳會以茅草編的帶子圍起來，再置於架上瀝出乳清，所以側邊有著特別的斜織紋路，外型很好辨認。說到西班牙最具代表性的起司，必然少不了它！

原料	產地	稱號保護	熟成時間	生產季節
綿羊乳	西班牙	DOP / 1996 年	最少 2 個月	一年四季

外觀特徵	鮮黃或咖啡色表皮，側面有特殊紋路，內芯為奶油乳，質地緊實，帶有氣孔。
品嚐風味	有微微的辛味與鹹味，帶著堅果、羊毛脂與烤羊肉的香氣。
享用方式	易於保存，可用於調味，為料理增添香氣與層次感。

082 莫西亞山羊紅酒起司

Queso de Murcia al Vino

半硬質　羊乳　洗皮

◆◆◆

皮薄光滑，呈現酒紅色，內裡質地細緻。其味道均衡適中，微鹹而透
著酸味，因為經紅酒洗皮，透著濃濃果香，感覺十分奢華。

來自紅酒的奢華香氣

西班牙東南部面地中海的莫西亞地區（Murcia），是歐洲最炎熱的地
區，經常有達到攝氏 45 度的高溫。由於氣候乾燥而降雨量極低，所以從
羅馬時代開始，便懂得利用水利工程，在山谷中進行灌溉，創造了輝煌的
農業文明。因此，谷地植物品種繁多，灌木叢與野草恣意生長其中，為山
羊提供充足而多元的食物，產出的羊乳也格外香醇。

莫西亞山羊紅酒起司採用在地乳種，是歷經好幾世紀品種改良的優質
山羊乳，豐富的脂肪含量，讓質地細滑緊密，乳香層次分明，充盈在唇齒
間，再加上些微的酸味調和，更顯清爽高雅。後勁中，帶著縈繞的花香，
嚐起來滿滿的奢華感。

原文名稱中的「Vino」，在西班牙語中是紅酒的意思。這款起司在熟
成的過程中，會以當地所產高單寧的紅酒進浸洗皮，熟成第 1 周洗浸 2
次，第 3 周再洗浸 2 次，因此表皮呈現濃豔的酒紅色，酒香逼人，近乎要
蓋過起司本身。

饕客把莫西亞山羊紅酒起司形容為生長於這片山谷中的紅寶石，足見
其優雅的風情，與極致的風味。在地所產葡萄酒，在地中海氣候的強烈影
響下，釀製得格外濃厚強烈，搭配這款起司一同食用，最是相得益彰。

原料	產地	稱號保護	熟成時間	生產季節
山羊乳	西班牙 ▬	DOP / 2001 年	至少 6 周	一年四季
外觀特徵	純白而紮實的質地，細緻具有彈性，外皮為深酒紅色。			
品嚐風味	乳香甜味與酸味，帶有果實感。			
享用方式	切成小片，搭配啤酒或葡萄酒食用。			

083 巴爾得翁起司

Queso de Valdeon

〔藍黴〕 〔可牛羊乳混合〕

◆◆◆

味道濃郁而脂肪含量高，沒有藍黴起司的強烈滋味，卻擁有深邃複雜的芬芳，入口即化的瞬間，香氣充斥唇齒之間，令人久久難忘。

深邃的甘醇芬芳

這款藍黴乳酪來自西班牙北部歐羅巴山區（Picos de Europa）的一處溪谷，此處在 1950 年之前盛產奶油，近半個世紀以來才逐漸發展起司製作產業。作為後起之秀，它在製作方式上以富有盛名的經典西班牙起司卡伯瑞勒斯〔單元 077〕為範本，以牛乳為主要的原料，再混合山羊乳製成，甚至也跟著用大紅葉子包裝之後才出貨。

儘管如此，巴爾得翁起司仍與卡伯瑞勒斯起司有所不同。卡伯瑞勒斯起司的藍黴菌，是在山間洞穴內自然而然生成的，所以有著鮮明的辛辣味；巴爾得翁起司的藍黴，則是以人工方式刻意培植的，並沒有那樣嗆鼻。對於不適應藍黴強烈氣味的人來說，巴爾得翁有著深邃的馥郁香氣，風味溫馴又柔和，徹底顛覆外觀給人的感覺，是更為適合的選擇。

現在的巴爾得翁，不再以大紅葉子包裝，但多半會採用鋁箔包裹，來防止水氣散失。黃色的柔軟質地，濃厚深邃的乳香，稍微加熱便融化，這些特性讓這款起司特別適合用於料理，搭配蘑菇或肉做成醬汁，香氣逼人。2007 年，一份來自萊昂大學（University of Leon）的研究顯示，這款起司具有抗癌的成份。無論你是追求品味的饕客，或是熱愛健康的朋友，都很適合嚐嚐它。

原料	產地	稱號保護	熟成時間	生產季節
牛乳與其他混乳	西班牙	PGI / 2004 年	至少 2 個月	一年四季，半熟成狀態最美味。

外觀特徵	灰色質地上滿佈著氣孔與藍黴菌。
品嚐風味	濕潤柔軟，風味濃厚甘醇，有微微辛辣。
享用方式	製作醬汁，或用於料理中。

084 迭地亞起司
Queso Tetilla

◆◆◆

輕柔的乳香，略帶著酸性和中度鹹味，柔軟的質地在觸碰舌頭的瞬間
緩緩融化，風味十分迷人。乳房狀的外型，讓這款起司非常好辨認！

迷人的乳房起司

「迭地亞」（Tetilla）在一詞，在西班牙語中有著乳房的意思。據說這
款起司出自西元 6 世紀的修道院，流傳至今，已有一千多年的歷史了，是
十分傳統的古老口味。它來自西班牙的乳牛最大產地，西北方的加西利亞
（Galicia）地區，因為質地柔軟所以成型為水滴狀或圓錐狀，每顆約有半
公斤至一公斤左右，份量十分紮實。對性百無禁忌的西班牙人，更樂意將
它形容成乳房，當大廚瞇著眼半開玩笑地介紹它，彷彿讓食材的滋味多了
些綺麗的遐想。

此款起司只需熟成 7 天即可食用，黃色質地香甜乾淨，乳香的甜蜜與
微微的酸味相互調和著，味道溫和卻餘韻十足，除了可以用來製作甜點，
也可以廣泛運用於料理中。熟成時間久了些，它的質地會變得比較有彈
性，結實的質地帶來截然不同的口感。在當地，這款起司是飲食生活中不
可或缺的要角，通常在飯後搭配果泥當做甜點食用。或者，也可以配上生
火腿成為前菜，或融化後烹調成派皮料理享用。

其美好風味與獨特外貌，虜獲了許多起司愛好者。在逐漸量產銷售的
今日，支持者早已經超越加利西亞及西班牙，而遍及世界了。

法國人把馬卡龍形容為少女的酥胸，而同樣熱情如火的西班牙人，飲
食文化中也有相同的東西。你比較喜歡馬卡龍還是迭地亞起司呢？

原料	產地	稱號保護	熟成時間	生產季節
牛乳	西班牙	DOP / 1993 年	最少 7 天	一年四季

外觀特徵	奶油色濕潤質地，呈現水滴般形狀。
品嚐風味	柔嫩濕潤，味道清淡，入口即化。
享用方式	佐以火腿做成生菜沙拉，或融化用於料理之中。

085 阿彭策爾起司
Appenzeller

硬質　洗皮

◆◆◆

阿彭策爾起司產於瑞士東北部，在瑞士前阿爾卑斯山區（pre-alps）製作，已經有 700 多年的歷史了。是由散落在山區的農家，根據祖傳的秘方製作而成，風味獨樹一格。

前阿爾卑斯山區的風味

瑞士大半的國土為阿爾卑斯山脈，其中 40% 為放牧地，自古便發展酪農業，擁有悠久的起司歷史。瑞士的起司，共同的特徵就是體積龐大而且十分堅硬，為了讓山區居民易於保存，甚至可以流傳到周邊地區，所以保存性都非常好，被稱為「山區起司」。

產於瑞士東北部山的阿彭策爾起司，便是極具代表性的一款，它的名稱來自其產地，即是人口稀少的阿彭策爾地區（Appenzell region）。此地有著森林與冰川，景致十分優美，起伏的翠綠山巒之間，農家與村落散佈於其間，酪農們根據世代相傳的秘方，製作出這款起司。

這個家傳的祕密，延續至今已有 700 多年的歷史了，到了今日，我們得以略窺一二。其使用了白酒或蘋果酒，搭配香草及辛香料的獨門配方，來進行洗浸。因此，它的外皮呈現著淡棕色，充滿香氣，而且帶著獨特的辛辣味。

熟成時間不同的阿彭策爾，會貼上不一樣顏色的標籤出售；3 個月以上為銀色，4 個月以上為金色，6 個月以上則為黑色。熟成越久，風味越強烈。

原料	產地	熟成時間	生產季節
牛乳（無殺菌乳）	瑞士 🇨🇭	3 個月以上	夏天至冬季，秋天滋味最佳。

外觀特徵	圓盤狀，表皮為棕色，內部為奶油色，有著微小氣孔。
品嚐風味	帶有堅果香與明顯的辛辣味，熟成越久風味越強烈。
享用方式	熟成淺的，適合搭配早餐；熟成久後，適合做起司盤，搭配麵包或紅酒。

086 埃文達起司
Emmental

硬質

◆◆◆

擁有平衡舒適的口感與討喜的果實風味,熟成時間越長則果香越明顯,也越受饕客喜愛。要挑選到風味絕佳的埃文達起司,可不是容易的事,得仰賴行家的功力。因此,這成了一款行家偏愛的起司。

童年記憶中的老鼠起司

卡通裡頭老鼠最愛偷吃的,經常被放在捕鼠器上,有著大大小小氣孔的乳黃色乳酪,是人們對起司最熟悉的印象。這個深植在每個人的童年經驗裡的經典造型,其實就是瑞士埃文達起司的樣子。因為老是在卡通中和老鼠一起出現,它還有個可愛的別稱,就是「老鼠起司」(rat cheese)。

這款起司產自埃文達地區(Emmental),位於瑞士中西部伯恩(Bern)東面的丘陵地帶。雖然法國與德國也有生產同款起司,但若要說最具代表性的,還是非瑞士埃文達莫屬。此處擁有豐沛的自然與人文資源,以及歷史悠久的畜牧產業,在這裡每一塊平邊圓輪狀的埃文達起司傳統都是用未經巴氏殺菌牛奶手工製造的,小至 350 公克,大則可達 90 公斤。獨特的平滑淡黃色外殼,乳酪團的質地結實偏硬,同時帶有櫻桃、胡桃大小的乳酪眼,脂肪含量約為 45%。

真正優質的埃文達具有一種由青草香、花香,夾雜著堅果、核桃、葡萄乾和木頭燃燒的獨特甘美香氣,尤其是濃郁而成熟的果香,最是令人陶醉沉迷。其氣孔的大小對於風味影響甚大,太大的話可食用的地方就很少,而太小的會口感又會黏糊糊的,在選購時要多加注意。

原料	產地	稱號保護	熟成時間	生產季節
牛乳	瑞士 🇨🇭	IGP / 1996 年	4 個月以上	熟成時間比產季更關鍵,6 個月熟成後最佳。

外觀特徵	表皮堅硬且乾燥,內部有胡桃大的乳酪眼。
品嚐風味	適度的濃稠與淡淡的甜味,加熱後風味更佳。
享用方式	加入火鍋、佐餐、沙拉,或搭配雞尾酒。

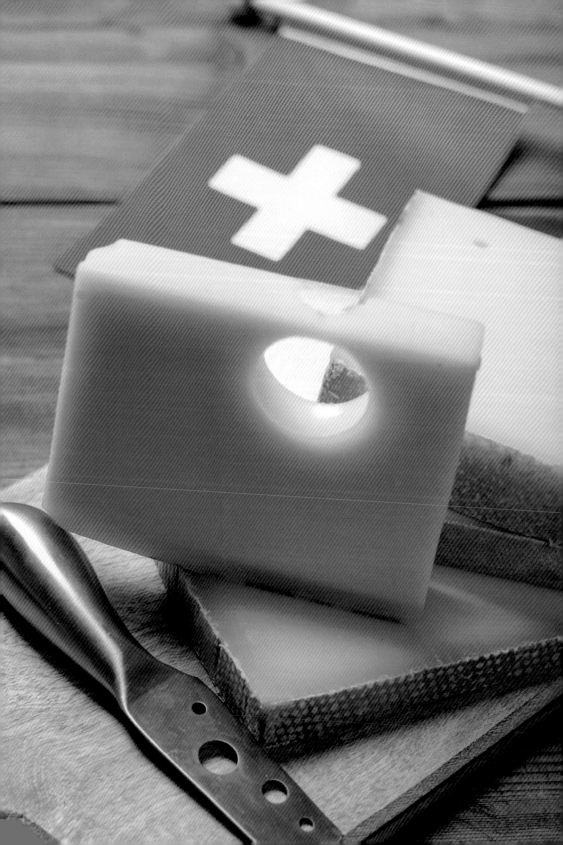

087 格呂耶爾起司
Gruyere

◆◆◆

扎實柔軟的質地，口感馥郁踏實，有著濃厚強烈的果實香氣。隨著熟成時間越久，其香氣就越濃烈，最佳賞味熟成期為 8 個月。

香氣逼人的起司女王

格呂耶爾自古便是瑞士與法國深具代表性的高山起司，以弗里堡（Fribourg）附近風景如畫的格律耶爾（Gruyere）小鎮為名，歷史可追溯到 1072 年。儘管在法國也有生產，但在 2013 年獲得 IGP 認證之後，只有在瑞士生產的產品，才可以打出格呂耶爾的名號。

瑞士格魯耶爾的熟成地窖環境須接近自然洞穴，這意謂著濕度應在 94% 到 98% 之間，若濕度太低起司會變乾，若濕度太高則起司將不會成熟，並且會變得油膩發粘。此外，洞穴的溫度應在 13℃ 至 14℃ 之間，若溫度太低，非但起司的成熟的程度不夠，也會變得脆弱易碎。

格呂耶爾被認為是最優質的烘培起司之一，香氣獨特而口感均衡，不會過於強烈，是天天吃也不會膩的日常風味，又被稱為「起司女王」。它厚厚的洗皮帶著金黃色澤，微漾著糖衣般的晶透，淡金黃色的內芯相當結實，乳酪本身的香氣與風味飽滿，鹹味溫和偏濃，入口後宛如鹹味牛奶糖夾著堅果，流洩著綿長的溫潤舒適。這股風味會隨著熟成期的增長而變化，以經過 8 個月的熟成為最佳。

這是一款很適合當作零嘴點心來吃的起司，夾麵包吐司、配酒、配咖啡、煮乳酪火鍋都很不錯，真是起司界的百搭女王呢！

原料	產地	稱號保護	熟成時間	生產季節
牛乳	瑞士 🇨🇭	IGP／2013 年	5 個月以上	一年四季，夏季產出的特別美味。

外觀特徵	圓筒型，具有黃褐色光滑外皮，內部為象牙白或淡黃色。
品嚐風味	甜味中帶有溫和微酸，熟成後風味飽滿。
享用方式	做成火鍋或馬鈴薯焗烤，也可直接享用。

088 比考頓起司
Picodon

軟質 羊乳

◆◆◆

比考頓起司的外型為偏小的扁圓型，其表皮有白色到金色不等的斑點。當起司熟成時間較短時，其表皮偏白而味道柔和偏甜，等到熟成時間長了，外皮就變得金黃而乾燥，且流露辛辣味。

甜味與辣味的完美結合

這款起司產自阿爾卑斯山區的隆河兩側，包含了德龍省（Drôme）與阿爾代什省（Ardèche）。過去，河的兩岸對於起司的名稱並不同，造成不少誤會與分歧，現在則統一定名為「比考頓」（Picodon），是從中世紀的普羅旺斯語中的「辣味」（pico）與「甜味」（don）組合而成。

由名稱就可以知道，甜味與辛辣味是比考頓起司鮮明的特色。將其含於口中，首先會感受的刺激的辛辣味，接著淡雅的清甜緩緩釋出，帶著微微的花香，優雅而綿長，相當具有層次與深度。特別是夏季，山羊除了以樹葉和草為主時外，也會吃進栗子與薰衣草，產出的羊乳風味最佳，所製成的比考頓起司尤為上品。

熟成的時間，對於比考頓起司風味的影響，可謂至關重要。當熟成時間較短，甜味較多而較不具辛辣感，可搭配略具辛味的白酒食用；但當熟成時間變長，辣味隨著顯現，風味卻也會更醇厚，此時搭配紅酒更佳。

在德龍省，在地人會將熟成後變硬的比考頓起司水洗，等到濕潤後再食用。這種深具鄉土特色的吃法，被稱為「比考頓德爾菲」（Picodon Dieulefit）。

原料	產地	稱號保護	熟成時間	生產季節
山羊乳	瑞士 🇨🇭	AOC / 1983 年	至少 12 天	春天至秋天可品嚐到，尤以夏季風味最佳。

外觀特徵	圓盤型，尺寸偏小，外層有白色酵母。
品嚐風味	熟成時間較短時偏甜，熟成時間較長則帶有辛辣味。
享用方式	搭配不甜的白酒，或風味醇厚的紅酒。

089 拉可雷特起司
Raclette

◆◆◆

這是一款在瑞士、德國、法國等地很常見的家常起司,天冷的時候大家會聚在一起,用各種喜歡的食材搭配食用。和台灣人吃火鍋的感覺相當類似!

瑞士家常滋味

「拉可雷特」(Raclette)有削切之意,這款在歐洲常見的家常起司,最正統的吃法是擺在火爐上加熱,等到融化之後把起司刮削下來,放在水煮馬鈴薯或烤麵包之上來食用。就像台灣人喜歡在冬天團聚吃火鍋一樣,瑞士、法國、德國等地的人們,想在冬天和親友大快朵頤,這款起司是不二之選。大家圍繞著專屬鍋具,以自己喜歡的食材蘸著起司,吃到的彷彿不只是香濃滋味,更有暖呼呼的人情。

關於拉可雷特起司的最早記錄,可以上溯至 1291 年瑞士修道院的中世紀文獻,出自阿爾卑斯山區的農民之手。當畜牧者隨著季節的更迭進行牧場轉移,他們會隨身攜帶著這款起司,在夜晚時就著篝火烘烤,刮在麵包之上。讓艱苦旅行的勞動者,在夜晚也能在暖和與飽足中,得到撫慰。

這款起司還沒烤過之前,洗皮起司特有的刺激臭味非常明顯,讓人有些退避三舍。不過,識貨的老饕都知道,只要把它加熱烘烤過後,味道就會截然不同。濃厚的奶香中,有著堅果的氣息與韻味,黏稠質地完美包覆食材,甜中帶鹹餘韻十足。如果有機會到訪瑞士,那麼千萬別錯過這款代表性十足的特產料理,暖心又暖胃的拉可雷特起司鍋。

原料	產地	稱號保護	熟成時間	生產季節
牛乳	瑞士 🇨🇭	AOP / 2013 年	3 個月以上	一年四季

外觀特徵	茶褐色的表皮,帶著濕潤氣息,內芯為奶油色,組織緊密,帶著細小氣孔。
品嚐風味	溫潤醇濃,帶堅果風味,加熱融化後風味尤佳。
享用方式	將融化後的起司,搭配各種食材享用。

090 史普林起司
Sbrinz

硬質

◆◆◆

因為經過超長的熟成期，這款起司的質地非常堅硬，必須使用刨刀將其切開或磨碎才能夠享用。獨特的韻味，能為菜餚增添獨特風情。

硬派的古老起司

史普林是一種以全脂牛奶製成的超硬乳酪，因為有足夠的脂肪含量，所以它雖然堅硬非常，卻也極具韌性，不像其他硬質乳酪那般易碎。想要一嚐它的滋味，一把刨刀是少不了的。通常會切成碎屑加入料理提味，又或者削出一口的大小，搭配著紅白葡萄酒或香檳，含在口中慢慢融化。

它是瑞士深具代表性的起司之一，擁有悠遠的歷史，據說早在西元 1 世紀的時候就已經存在。瑞士人的祖先凱爾特人（Celt），早在耶穌誕生之前，就做了好幾個世紀的起司，極有可能就是史普林起司的原型。因此，又有人認為，史普林可能是歐洲最古老的起司。

16 世紀左右，史普林起司被集中在瑞士中部的交通樞紐布里恩茨（Brienz），再從這邊轉運到義大利。所以，用義大利的口音念「布里恩茨」，就成了名稱「史普林」（Sbrinz）的由來。這款起司，在義大利各地，也有不少擁戴者，人氣很高呢！

至少 16 個月的熟成歲月，賦予這款起司深邃的韻味。含在口中，各種芬芳隨著奶香化開，咖啡、可可、檸檬、花香與草原，彷彿布里恩茨湖（Brienzersee）純淨的微風，輕撫著味蕾。每一個細小的結晶，都是大自然的魔法恩賜。

原料	產地	稱號保護	熟成時間	生產季節
牛乳（無殺菌乳）	瑞士 🇨🇭	AOC / 2001 年 AOP / 2013 年	至少 16 個月	一年四季

外觀特徵	黃褐色表皮具有光澤，內部為淡黃色，帶著細小結晶體。
品嚐風味	質地堅硬，有咖啡、可可與檸檬的氣味，及微微辛辣感。
享用方式	適合磨碎加在義大利麵和濃湯裡，或搭配葡萄酒當成開胃菜。

091 僧侶頭起司
Tete de Moine

僧侶頭起司是瑞士五大起司出口品種之一，必須以特殊工具削成薄片方能食用。其食用時獨特如花瓣一般的造型，讓人們在品嚐起司之美味的同時，也感受到充分的視覺之美。

輕薄卻濃厚的美味

位於瑞士翠綠的侏羅（Jura）群山之中，被列為世界文化遺產的貝爾萊修道院（Bellelay Abbey），是僧侶頭起司的起源之地。這裡的僧侶從西元 12 世紀左右，便開始生產它，相距今日已經有 800 多年。其質地細密堅硬，而且風味紮實濃厚，吃的時候必須以特殊的器具，以螺旋的方式把圓筒狀刨成花瓣一般的薄片。薄薄一片，就能吃到層次豐富的萬千滋味。

關於「僧侶頭」這個怪異的名稱，坊間有兩個說法。其一，向教會租借土地耕作，並以符合修道士人數的起司上繳作為租金，久了就將這款起司稱之為僧侶頭了。其二，是法國大革命時，外來的士兵到此，發現了這款起司，因為其大小與人頭相近，便被士兵這樣稱呼了。不過，在 AOP 的資料上，其名稱則登記為「貝勒萊起司」（Fromage de Bellelay）。

在製作的過程中，僧侶頭起司會用鹽水擦洗，再放置於木板上熟成，因此其表皮帶著微微的濕度，散發著濃郁香氣。那令人沈醉的芬芳，恰恰與刨片後如花朵盛放的造型呼應。倒上一杯紅酒，搭配有以僧侶頭點綴的沙拉或起司盤，享受視覺與味覺兼具的場面吧！

原料	產地	稱號保護	熟成時間	生產季節
牛乳（無殺菌牛乳）	瑞士	AOC / 2001 AOP / 2011 年	75 天以上	晚秋～冬天

外觀特徵	圓筒狀，表皮略顯濕潤，為紅褐色；內部為黃至褐色，細膩密實。
品嚐風味	濃醇香甜，風味均衡、穩重，帶著水果的香氣。
享用方式	利用專門旋轉刨刀（Slicer），削成花瓣狀，適合放於起司盤。

092 土耳其白起司

Beyaz Peynir

新鮮　羊乳

◆◆◆

採牛乳、綿羊乳或山羊乳製成，在土耳其及周邊國家中，是很普及的一款起司，許多料理中都可以發現，又被稱為「白色起司」。

土耳其人的家常滋味

　　土耳其人的餐桌上，少不了的東西有三項：紅茶、橄欖及起司。土耳其人們除了無肉不歡，他們更愛吃起司，早餐吃、午餐吃、晚餐也吃，任何時間、任何場合，都是吃起司的好時機。土耳其的起司，款式種類十分多元，起司店更是隨處可見。可別輕易對熱情的土耳其人開口聊起司，話匣子一開，他們會滔滔不絕講個沒完。他們對於起司的熱愛，可一點也不亞於法國人呢！

　　土耳其白起司在土耳其及其周邊一帶，是十分受歡迎的一款。其特性近似於菲塔起司（Feta）〔單元 048〕，採用綿羊乳、山羊乳與牛乳製成，滋潤的起司本體，帶著細細的孔洞，極為易碎，因呈現雪白色，又被稱為「白色起司」。雖然一年四季皆盛產，但由於採用了不同原料的乳品，其口味會隨著季節而不同，不同時節都能吃出不同滋味，充滿變化。

　　土式白起司卷（Börek）是土耳其相當常見的傳統小吃。將白起司和優格各自攪拌弄碎，加上一些辣椒或香菜調味，將其包入在地特有的三角形麵皮中，以優格作為黏著劑捲起來，再將捲好的起司於油鍋炸至金黃色。盛於盤中的白起司卷，可以搭配番茄、青椒、西瓜、橄欖及一點蜂蜜加奶油，就是最道地的土式滋味！

原料	產地	生產季節
牛乳或羊乳	土耳其 🇹🇷	一年四季，口味會隨著季節而不同。
外觀特徵	白色軟嫩，帶有孔洞，質地濕潤。	
品嚐風味	風味多變，因季節與產地而不同，奶香濃厚。	
享用方式	常見於土耳其料理中，沙拉、點心或酥派。	

093 斯蒂爾頓藍黴起司

Blue Stilton

藍黴

◆◆◆

斯蒂爾頓起司（Stilton）分為白黴與藍黴兩款，一般提到斯蒂爾頓指的多半是藍黴起司。出身英格蘭的它是起司中的貴族，1970年代時，它的售價為每磅半克郎，是一般農場工人的兩天工資。

起司中的貴族

18世紀早期，小鎮斯蒂爾頓（Stilton）是倫敦（London）到約克（York）官方道路上主要的驛站。一家名為「大鐘小館」（The Bell Inn）的旅店，販售了一款柔軟的藍黴起司，它來自於鄰近的萊斯特郡（Leicestershire）。沒有多久，這款起司大受歡迎，在18世紀中期銷售到倫敦，深受人們喜愛。於是乎，儘管這款起司根本不斯蒂爾頓生產，卻以斯蒂爾頓為名。

這款起司的製作過程十分耗時，剛製作出的凝乳要先經過一夜的熟成，比大多數的起司都來得久。1910年，斯蒂爾頓起司職人協會（The Stilton Makers Association）成立，並確立只有諾丁漢郡（Nottinghamshire）、德比郡（Derbyshire）、萊斯特郡（Leicestershire）三處所生產的，才能被稱為斯蒂爾頓，管制範圍延伸至生產者及奶品來源。

以世代相傳的工法嚴謹製成的斯蒂爾頓，不同的製造商都擁有獨特的個性，圓潤的風格之中，帶著些微的辛辣與堅果香氣，深具韻味與層次感。最常見的作法是用於醬汁及濃湯的料理中，此外直接捏碎了放進沙拉或灑在牛排上，也是別有一番風味。

原料	產地	稱號保護	熟成時間	生產季節
牛乳	英國 🇬🇧	DOP / 1996	9～14周	一年四季

外觀特徵	交錯的藍黴從中央向外圍擴散，內部起司應呈稻草黃色。
品嚐風味	尚未完全熟成前，有著尖銳的刺激味；充分熟成後，味道轉為更加圓潤濃郁。
享用方式	最適合用於醬汁和濃湯，尤其是綠花椰菜和芹菜湯。

094 凱伯克起司
Caboc

◆◆◆

質地光滑柔順，有點像是凝結的乳霜，或是雙倍的鮮奶油，但更加厚實而帶有顆粒感，有著濃郁奶油香及堅果香氣。

無法抵擋的濃濃乳香

凱伯克起司選用乳脂含量高的牛奶製成，脂肪含量可達 67% 左右，有著格外奢華的乳香。它與克勞地（Crowdie）起司類似，是一種傳統的蘇格蘭起司，不用凝乳酶，讓其自然凝乳化再行製作。不過，克勞地使用脫脂鮮乳做為原料，凱伯克起司則添加了額外的奶油，所以有著厚重溫潤的濃濃香氣。

其歷史可以追溯至 15 世紀的蘇格蘭高地。一個島嶼領主的女兒，為了逃避異族的綁架和逼婚逃到愛爾蘭，當他重新回到故鄉，也帶回製凱伯克起司的方式。將島上鮮美的牛奶，轉變為味道更迷人的起司，提供給領主和氏族們享用。這種製作方式經幾代傳承一度失傳，到了 1962 年才在原作者的後代子孫蘇珊娜史東（Susannah Stone）的手下復興起來。

今日我們見到的凱伯克起司，外層覆有烘烤過酥脆燕麥角，這是蘇珊娜的獨特創新。濃郁而帶著堅果香氣的乳霜狀起司，混著香脆顆粒，軟硬相配創造出絕佳的咀嚼感，十分耐人尋味。無論是直接食用，搭烤豬腳與酸菜，或者做成水果沙拉，都很美味。當然，若能配上一杯蘇格蘭盛產的高地威士忌，更是美妙的味覺體驗。

原料	產地	熟成時間	生產季節
牛乳	英國 🇬🇧	3 個月以上	一年四季

外觀特徵	圓木狀，質地不像是起司，而比較接近雙倍鮮奶油，外層包裹著酥脆的燕麥角。
品嚐風味	因為原料乳脂含量高，使得質地非常香濃滑順，和表面的烤燕麥角，融合成絕妙滋味。
享用方式	在任何起司盤上，都是搶眼獨特的存在，也可切片放入水果沙拉中。

095 卡爾菲利起司

Caerphilly

◆◆◆

質地堅硬易碎，檸檬的香氣使得整體滋味顯得乾淨而溫和。熟成越久，質地會越柔軟綿密，氣味也會更豐潤。

簡單卻耐人尋味

卡爾菲利是一種堅硬、易碎的淡黃色起司，起源於英國南威爾斯（South Wales）。根據當地大多數人的說法，這是為了提供礦工食物而誕生的起司。因為製作方式簡單，厚實的外皮易於運送和保存，讓它具備便宜又便利的特質，豐富的含鹽量，能為身體補充大量勞動流汗後所缺乏的鹽份，深受工人的愛戴。在 1800 年代～ 1914 年之間，威爾斯許多小型農場都有生產。

第一次世界大戰後，鐵路的發展讓威爾斯地區的交通逐漸便利，農民能夠將新鮮的牛奶運送出去，而不必再為了便於保存，而製作成起司，讓這款曾經風行一時的起司，在當地逐漸蕭條。到了第二次世界大戰期間，這些生產卡爾菲利起司的農場敵不過切達起司工廠，幾乎消失，直到戰後才開始重新生產。

今日的威爾斯山谷裡，有些農舍生產這款起司，大多數都需要數個月來熟成。而這簡單卻餘韻無窮的滋味不再是礦工的午餐，反而經常出現在倫敦的頂級餐廳中。溫和、檸檬般的新鮮風味，鹹菜或甜點都十分百搭，可以融化在其他起司或熱騰騰的麵包上，也可以混合啤酒、蛋、辣醬、芥末，搭配出有趣的滋味。

原料	產地	熟成時間	生產季節
牛乳	英國 🇬🇧	至少 10 周	一年四季

外觀特徵	外皮的黴斑，形成斑駁的外觀；內部為緊實質地，淡黃色澤。
品嚐風味	雖然口感簡單，帶檸檬味的香氣卻十分鮮活，因製作季節和熟成時間而有變化不同。
享用方式	溫和中性的滋味，無論鹹甜食物都能搭配，融化於烤麵包上更是絕妙滋味。

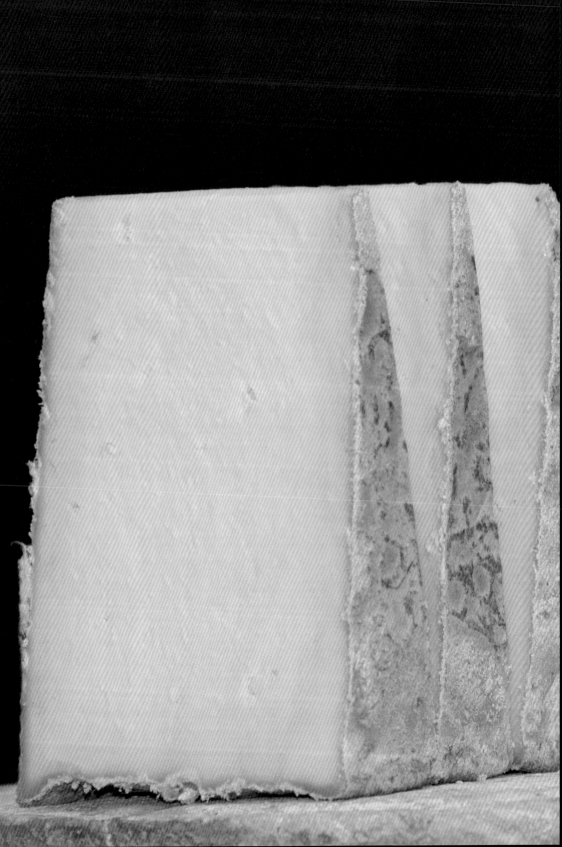

096 切達起司
Chadder

◆◆◆

切達是起司裡最容易入門的一款，中等的乳脂含量，帶有鹹香，容易融化。雖然起源於英國，但加拿大、美國、澳洲、紐西蘭等地皆有生產，口味也有差異，相當多元。

起司中的萬人迷

原產自英國的西南部的切達（Cheddar）村，不僅是英國人最喜愛的一款，更是世界最受歡迎的起司之一。切達起司的由來，可以追溯至羅馬時期，在羅馬人的引進之下，英格蘭有了硬質起司。到了中古時期，體型大而豐滿的傳統英國起司，才發展起來。這是因為，在封建制度之下，財富與土地集中在少數人手中，富裕的僱主才有能力製作大型起司。

直到 16 世紀，產自切達峽谷（Cheddar Gorge）曼迪丘（the Mendip Hills）的硬質起司，才正式被稱為切達起司。此地有著綿延起伏的山巒、青翠的草原，以及天然的洞穴，不但提供製作起司的優質原料，也讓起司的存放與熟成具備充足的空間。

其運用特殊的堆釀（Cheddaring）法製成，將初步濾除乳清後的凝乳層層堆疊，再經數次翻面與切割，並繼續堆疊濾除乳清；接著將凝乳進行碾磨或切碎、灑鹽入模、壓榨及熟成等歷程。在長時間的熟成下，切達起司風味沉穩，沒有嗆鼻的氣味，濃乳的香濃帶著堅果味，餘韻十分悠長。

幾世代以來，切達起司已經是英國飲食文化不可分割的一部分了！無論是用於焗烤，或者是製作沙拉或三明治，都少不了它。

原料	產地	熟成時間	生產季節
牛乳	英國 🇬🇧	6 個月以上	一年四季

外觀特徵	無表皮，橘紅或奶白色澤，緊實滑順。
品嚐風味	香氣濃郁，帶有嚼勁。
享用方式	切碎搭配沙拉或三明治，也可融於料理中調味。

097 皮拉斯起司

Perl Las

◆◆◆

皮拉斯（Per Las）有「藍色珍珠」之意，是來自英國威爾斯（Wales）的起司，也是該地最受歡迎的起司之一。淡淡的鹹味和奶油味，迷人而悠長。

珍珠般迷人的滋味

這款以「藍色珍珠」（Per Las）為名的起司，是出自英國威爾斯一間名為「卡斯森納」（Caws Cenarth）為名的家族企業之手筆。這間公司由格溫佛（Gwynfor）與亞當斯（Thelma Adams）於 1987 年創立，其前身是威爾斯經典起司卡爾菲利（Caerphilly）〔單元 095〕最古老的生產者。擁有傳承 6 代的起司家學，他們除了持續產生產大家熟悉的舊口味，也致力於新起司的創作，皮拉斯起司即是其中之一。

亞當斯是威爾斯工匠起司製作的復興人物，由它一手打造的皮拉斯起司，有著真正藍黴起司的典型味道。鮮明的土質和黴菌氣味，隨著滑順綿密的質地，在口腔中形成圓潤而濃烈的體驗，辛辣的香氣縈繞持久，一絲草本尾韻綿綿不絕，味覺層次感十足。

所有的皮拉斯起司都是手工製作的，不像其他許多起司一樣會浸泡在鹽水中，而是在表皮塗上海鹽，這使得它比一般的藍黴起司要鹹得多，深受重口味者的喜愛。至於對藍黴起司敬而遠之的人，也可以試著從這一款入門，在眾多口味強烈、嗆辣的藍黴起司中，這是較為溫和的一款。微妙的甜味伴隨著奶香，令人輕易沉迷，無法自拔。

原料	產地	熟成時間	生產季節
牛乳	英國 🇬🇧	12 ～ 16 周	一年四季
外觀特徵	外皮的黴斑有如乾枯的樹皮，奶黃色內部有鮮明的藍色紋路。		
品嚐風味	典型的藍黴起司風味，有土質和黴菌氣味，綿密的口感中帶著辛辣的尾勁。		
享用方式	放在起司盤上、融化在牛排上或用於沙拉的調味，適合陳年波特酒。		

098 鼠尾草德比起司

Sage Derby

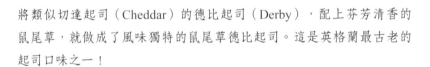

半硬質

◆◆◆

將類似切達起司（Cheddar）的德比起司（Derby），配上芬芳清香的
鼠尾草，就做成了風味獨特的鼠尾草德比起司。這是英格蘭最古老的
起司口味之一！

洋溢青草的芬芳

　　儘管青綠色混著象牙白的大理石紋，看來非常新穎特別，還帶著點時
尚感，但事實上這款起司歷史相當悠久。早在公元 17 世紀的英國，鼠尾
草德比起司就已經被製造出來了。這可以說是英格蘭最古老的起司之一！

　　鼠尾草又名「洋蘇草」，香氣十分濃烈，經常被用來去除魚、肉的腥
味。其含有豐富的單寧酸，據說可以緩解更年期的盜汗、潮紅及情緒低落
的現象。因為氣味強烈，所以多半會與其他花草調和，泡成茶飲，或加入
食材中料理，很少單獨食用。而起司與鼠尾草的搭配，正是絕妙的選擇。

　　鼠尾草德比起司的作法是，將 16 世紀誕生於德比郡（Derby）的傳統
硬質德比起司進行加工，混入磨碎的鼠尾草進行加壓與熟成。完成後的起
司，不僅有著濃郁的奶香，而且洋溢著青草的清香，還略略帶著苦味。隨
著細密的質地在口腔內化開，味道的變化充滿層次感，尾韻十足。

　　在古代，這並不是一款能夠輕易品嚐得到的起司！最初，它的製作是
用來慶祝聖誕節或豐收，只有特殊的日子才能吃到。現在，因為起司生產
技術的進步，成了歐美超市貨架上的常客，幾乎一年四季都可以購買，相
當普及。比起來，沒有加入鼠尾草的德比起司，反而更難取得呢！

原料	產地	熟成時間	生產季節
牛乳	英國 🇬🇧	1～2 個月	一年四季
外觀特徵	鼠尾草的青綠色澤，與起司的象牙白交錯，形成獨特的紋路。		
品嚐風味	柔軟濕潤的質地中，透著豐盈的濃香，以及鼠尾草的芬芳。		
享用方式	作為沙拉的佐料，或切成小片食用，搭配鬆餅或薄餅。		

099 什羅普藍黴起司

Shropshire Blue

質地柔軟而綿密，鮮艷的亮橘色特別搶眼，和強烈的風味同樣具有個性。切碎後置於沙拉中，不但十分賞心悅目，口感也相當特殊，深具藍黴起司特色。

現代英式起司代表作

第二次世界大戰的摧殘，讓英國製作傳統起司的農家銳減，戰爭過後，許多起司開始在傳統產地以外的地方大量生產，因此無法受到名稱認證的保障。為了積極復興衰退的起司文化，人們著手發明新型起司，這些起司被稱為「現代英式起司」。

誕生於 1970 年代的什羅普藍黴起司，便是這樣一個典型的產物。安迪·威廉森（Andy Williamson），在因弗內斯（Inverness）的史都華城堡（Castle Stuart）食品廠發明了它。這是一款以巴氏消毒牛奶製成的藍黴乳酪，並使用植物凝乳酶，在以天然食用色素胭脂紅（annatto）染成美麗的橘紅色。

質地綿密的什羅普藍黴起司，藍紋襯在橘紅的底色裡，十分有賣相。辛辣的藍黴刺激味中，帶有一絲焦糖香甜，風味有點類似斯蒂爾頓起司（Blue Stilton），深具典型的藍黴起司特色。最近，還有一家小工廠生產名為拉德洛（Ludlow Blue）的改良款，其使用的是胡蘿蔔素，而不是胭脂紅，似乎更為天然。

食用時，可捏碎佐入生菜沙拉，或加在濃湯裡提味，都能畫龍點睛，為菜餚生色。搭配味道濃烈的波特酒（Port Wine），更是絕妙滋味！

原料	產地	熟成時間	生產季節
牛乳	英國 🇬🇧	12 周	一年四季。熟成 4 個月左右為最佳賞味時機。

外觀特徵	橘色的質地上，遍佈著藍黴。
品嚐風味	甜與苦完美調和，個性十足的刺鼻氣味。
享用方式	切碎之後做成沙拉。

文斯勒德起司

Wensleydale

文斯勒德是英國人非常喜愛的一款起司，它的質地柔軟易碎，帶著輕盈的蜂蜜香味，和蘋果、櫻桃等酸甜味蘋果特別搭。

蜂蜜迷人香氣

最初是由住在英國北約克地區的僧侶所製作，他從法國佛斯（Fors）搬到了英國的文斯勒德（Wensleydale），引進以羊乳製作的起司食譜至英國。14 世紀，在地的人們開始使用牛乳替代羊乳，並且融入了藍黴的製作，使得味道與特色產生變化。當時，文斯勒德起司多半是藍色紋理的，如今則以白色品種居多。

1540 年修道院解散後，當地的農民接手並主導這款起司的製作，這項工作一直持續到第二次世界大戰爆發，戰爭期這裡的牛乳多數都被徵收，用於政府戰爭物資所需起司的製作。即使戰後多年，其製作與生產仍難以恢復到戰前的盛況。而今，總部位於北約克郡的霍伊斯（Hawes）的「文斯勒德乳業」（Wensleydale Dairy Products）是最知名的製造商。

文斯勒德起司味道溫和，酸甜的韻味中有著野生蜂蜜香氣，深受英國人的喜愛。它不僅是饕客及評論家們的心頭好，更經常出現在電影或小說作品中，像是小說《霍恩布洛爾與急躁號》（Hornblower and the Hotspur）及動畫電影酷狗寶貝（Wallace and Gromit）。

簡單地搭配餅乾，或配上一片蘋果派。你就能像大多數英國人一樣，輕鬆感受文斯勒德的美味！

原料	產地	稱號保護	熟成時間	生產季節
牛乳或綿羊乳	英國 🇬🇧	PGI / 2013 年	6 ～ 12 周	一年四季
外觀特徵	淡黃色，質地結實緊密，帶點易碎的粗糙表面。			
品嚐風味	具有獨特的野生蜂蜜風味，搭配順口的酸度，格外清新宜人。			
享用方式	鬆軟質地，特別適合搭配薄脆餅乾，或放於派皮上。			

101 康瓦耳雅格起司

Yarg Cornish

半硬質　白黴

細膩柔軟的質地，帶著野菜與野菇的香氣，風味溫和而清爽。1980年代以降，英國傳統手工起司復興運動的浪潮中，最具特色的起司之一。

手工嚴選的青草滋味

康瓦耳雅格起司是1980年代英國傳統手工起司復興運動的產物，它誕生於英國西南部，緊鄰著英吉利海峽的康沃爾郡（Cornwall）。它是由格雷（Gray）家的夫妻艾倫（Alan）和珍妮（Jenny）所發明的，他們將自己的姓氏倒過來，以「雅格」（Yarg）來為起司命名。1984年，在附近經營農場的哈爾（Horrell）家族，加入生產這款起司的行列，使得它的名聲逐漸傳播開來，擄獲了許多愛好者。

儘管康瓦耳雅格起司是現代的產物，但它的美味卻來自起司匠人一絲不苟的傳統精神。每年五月，當蕁麻葉片還不帶有刺人毒液時，他們以人工嚴選的方式，摘取不帶莖梗、無破洞、無燒灼痕跡的葉片，冷凍保存起來。待製作起司時，在開放式的大鋼槽內，以手工的方式，將起司包裹起來，再進行熟成。

在熟成的過程中，蕁麻葉與起司表皮交互作用，使其變得柔軟。綿密的質地，散發出濃郁卻溫和的起司香，融合著葉片的青草氣息，透出波菜、蘆筍與蘑菇的韻味。溫和卻獨特的滋味，使得康瓦耳雅格在起司拼盤上，總是獨特而不可忽視的存在，用於烤麵包、焗烤、沙拉等料理，不但十分適合，更能為食材提味。

原料	產地	熟成時間	生產季節
牛乳	英國 🇬🇧	6～12周	一年四季
外觀特徵	外層包著白黴的蕁麻葉，內裡是細密的乳白質地，帶著些許氣孔。		
品嚐風味	口味溫和，質地易碎，帶著蕁麻葉的香氣。		
享用方式	起司盤、搭配麵包，或加在蔬菜沙拉之中。		

索引

加入晨星

即享『**50 元** 購書優惠券』

── 回函範例 ──

您的姓名： 晨小星

您購買的書是： 貓戰士

性別： ●男 ○女 ○其他

生日： 1990/1/25

E-Mail： ilovebooks@morning.com.tw

電話／手機： 09××-×××-×××

聯絡地址： 台中　市　西屯　區

工業區 30 路 1 號

您喜歡：●文學 / 小說　●社科 / 史哲　●設計 / 生活雜藝　○財經 / 商管
（可複選）●心理 / 勵志　○宗教 / 命理　○科普　　○自然　●寵物

心得分享：

我非常欣賞主角…

本書帶給我的…

"誠摯期待與您在下一本書相遇，讓我們一起在閱讀中尋找樂趣吧！"

國家圖書館出版品預行編目（CIP）資料

起司品味圖鑑：一生必吃一次的101種起司／陳
　馨儀編著. -- 初版. -- 臺中市：晨星, 2022.01
　224面；16×22.5公分. -- （看懂一本通；13）
　ISBN 978-626-320-049-4（平裝）

1.乳品加工　2.乳酪

439.613　　　　　　　　　　　　110020726

看懂一本通 013

起司品味圖鑑
一生必吃一次的101種起司

編著	陳馨儀
編輯	余順琪
校對	楊荏喻
封面設計	季曉彤
美術編輯	林姿秀

創辦人	陳銘民
發行所	晨星出版有限公司
	407台中市西屯區工業30路1號1樓
	TEL：04-23595820　FAX：04-23550581
	E-mail：service-taipei@morningstar.com.tw
	http://star.morningstar.com.tw
	行政院新聞局局版台業字第2500號
法律顧問	陳思成律師
初版	西元2022年01月15日

讀者服務專線	TEL：02-23672044／04-23595819#230
讀者傳真專線	FAX：02-23635741／04-23595493
讀者專用信箱	service@morningstar.com.tw
網路書店	http://www.morningstar.com.tw
郵政劃撥	15060393（知己圖書股份有限公司）
印刷	上好印刷股份有限公司

定價 350 元
（如書籍有缺頁或破損，請寄回更換）
ISBN：978-626-320-049-4
圖片來源：shutterstock.com

Published by Morning Star Publishing Inc.
Printed in Taiwan
All rights reserved.
版權所有 · 翻印必究

| 最新、最快、最實用的第一手資訊都在這裡 |